U0341348

How to Disappear

Erase your digital footprints,
leave fake trails, and vanish without a trace

如何从这个世界消失

[美] 弗兰克·埃亨 爱琳·霍兰 著

王绍祥 译

百花洲文艺出版社

图书在版编目（CIP）数据

如何从这个世界消失 /（美）弗兰克·埃亨，（美）爱琳·霍兰著；王绍祥译 . — 南昌：百花洲文艺出版社，2018.4
ISBN 978-7-5500-2647-6

Ⅰ . ①如… Ⅱ . ①弗… ②爱… ③王… Ⅲ . ①计算机网络 – 信息安全 – 安全技术 Ⅳ . ① TP393.08

中国版本图书馆 CIP 数据核字（2018）第 010948 号

江西省版权局著作权合同登记号：14-2018-0003

如何从这个世界消失
RUHE CONG ZHE GE SHIJIE XIAOSHI

〔美〕弗兰克·埃亨 〔美〕爱琳·霍兰 著 王绍祥 译

出 版 人	姚雪雪
出 品 人	柯利明 吴 铭
总 策 划	张应娜
责任编辑	杨 旭
特约编辑	简秋生 郭亚维
营销编辑	刘亚男
封面设计	吕彦秋
版式设计	张志浩
出版发行	百花洲文艺出版社
社 址	南昌市红谷滩世贸路 898 号博能中心 Ⅰ 期 A 座 20 楼
邮 编	330038
经 销	全国新华书店
印 刷	三河市文通印刷包装有限公司
开 本	880mm×1280mm 1/32
印 张	9
字 数	150 千字
版 次	2018 年 4 月第 1 版
印 次	2018 年 4 月第 1 次印刷
书 号	ISBN 978-7-5500-2647-6
定 价	39.80 元

赣版权登字：05-2018-30
发行电话 0791-86895108
网址 http://www.bhzwy.com
图书若有印装错误可向承印厂调换

一

如　何

从这个世界

消

目　录
Content

第 1 章　我是弗兰克，很高兴认识你　001

第 2 章　直面敌人：追踪者　015

第 3 章　追踪者最好的朋友　039

第 4 章　开始销声匿迹吧　061

第 5 章　信息篡改　067

第 6 章　家里的痕迹与线索　089

第 7 章　信息杜撰　103

第 8 章　信息重组百宝箱　117

第 9 章　信息重组　141

HOW

如 何

TO

从这个世界

DISAPPEAR

消 失

第 10 章　如何做到"消"而不"失"　　163

第 11 章　从身份窃贼眼皮底下逃脱　　179

第 12 章　从社交媒体中消失　　197

第 13 章　摆脱渣男的纠缠　　205

第 14 章　摆脱纠缠者　　213

第 15 章　漂洋过海　　241

第 16 章　假死 101　　255

第 17 章　结语　　271

兵　　　不

厌　诈　　　。

————韩非子

一
HOW

如何

TO

从这个世界

DISAPPEAR

消失

HOW
TO
DISAPPEA

如 何 从 这 个 世 界 消

第 1 章

我是弗兰克，很高兴认识你

一

你之所以会阅读本书，不外乎以下两个原因：你想消失得无影无踪，或者你对别人为什么可以消失得无影无踪十分好奇。

我曾经遇到过一个和你很像的人[1]。和往常一样，我在新泽西的一家书店里观察着来来往往的人们。突然，他引起了我的注意。他神色慌张，四处张望，挑的尽是一些关于个人隐私、离岸金融之类的书籍。然后，他慢慢地逛到旅行书籍专柜，挑出了一本哥斯达黎加旅游指南。他自始至终都没有注意到我。我就是那种不显山不露水的角色：头发花白，扎着小马辫，戴着墨镜，在他身后十几码的地方，紧紧跟着他。

我们几乎是在同一时间排队等候埋单的。他一边排着队，一边心神不宁，丝毫没有意识到同一个人还跟在他的身后。最后终

---

[1] 当然，我对我们邂逅的细节略微做了调整。——作者注（全文注释除特别标注外均为译者注。）

于轮到他买单了，让我大跌眼镜的是，他用的居然是信用卡！

大错特错，我心想。这老兄真的想消失得无影无踪吗？我真心希望这不是他的真实想法，因为如果真是如此的话，那么他刚刚给那些想找到他的人留下了一个很大而且极其可靠的线索。

买过单之后，他上楼去了咖啡厅。我一路尾随，看到他坐到一个角落的位置里，漫无目的地翻开了刚买的书。我要了杯拿铁，继续观察着他。

大蠢货。他难道不知道到处都是摄像头吗？难道他不知道，任何一个人，只要懂点花言巧语（只要能达到目的，谁会关心你说的究竟是不是事实呢？），很容易就能从保安手上把监控录像骗到吗？如果找他的人真的这么做了，那会怎么样呢？我突然对这个倒霉蛋产生了怜悯之心。如果他确实有充分的理由想远走高飞，或者如果他真的遇到了大麻烦，我觉得他连一点点机会都没有了。

突然，我灵光一闪。我决心已定，绝不能听之任之，让这个家伙亲手毁了自己。我可以帮他。我把拿铁扔进了垃圾桶，径直朝他坐的位置走了过去，打了声招呼，和他握了握手，然后问他：“我可以坐这里，和您谈一分钟吗？”

他非常意外，但是同意了。

我告诉他，我的名字叫弗兰克·埃亨（Frank M. Ahearn），多年来，我一直从事一种所谓"追踪者"的职业。客户们会花成千上万美元请我帮他们找出那些试图藏起来的人：囚犯、赖账者、收到传票的目击证人、受到威胁且担惊受怕的人，或者是任何一个你想得出来、出于这样或那样的理由需要躲起来的人。雇用我的有的是小报编辑，他们希望寻找名人们的下落。当他们想找到那些和迈克尔·杰克逊（Michael Jackson）在梦幻庄园（Neverland）中共度美妙夜晚的孩子，或者想监控 O. J. 辛普森（O. J. Simpson）的银行账户，他们就会打电话给我。曾经有人找我为一支狗仔队寻找奥兹·奥斯朋（Ozzy Osbourne）[1]的私人电话号码。我把他的 8 个私人电话号码都找到了。在乔治·哈里森（George Harrison）[2]弥留之际，也有人请我去寻找他的下落。他当时在新泽西。我的工作成就了数不胜数的小报封面，也让一大批罪犯被绳之于法。

我告诉那个家伙：我想找的那些人往往会让我的工作变得易如反掌。不管费了多大的劲儿东躲西藏，他们总是会在不经意之间露出马脚。有时他们犯的大错，让我能在一两个小时之内就找到了他们的住处。很少有例外。

[1] 奥兹·奥斯朋（1948- ），英国演员、作曲家。
[2] 乔治·哈里森（1943-2001），英国音乐家、歌手、歌曲作者、音乐制作人、电影制作人。

　　我指了指那个家伙摊在桌面上的那一叠书告诉他，如果真的想藏起来，他已经犯了一个致命的错误。因为所有这些书都是用信用卡买的，它们都是有迹可循的，而且追查起来易如反掌。这对于任何一个不是白拿薪水的追踪者而言都形同儿戏。

　　给所有打算销声匿迹者的第一条忠告：

　　别用信用卡购买本书。（但是请务必购买本书！）

　　那个白人的脸更白了。销声匿迹这事他可不只是想闹着玩的。他是当真的。至少他认为自己是当真的。

　　于是，我滔滔不绝地说了起来。我告诉他，无论是我还是其他追踪者都能立刻把他手到擒来。具体怎么做呢？我会找个理由，打电话给他的信用卡公司，自称是他本人，说想了解一下"我"最近的信用卡消费记录，再编出一个特别迫切的理由。客服人员接着就会把近期的消费记录一五一十地报给我，包括他在这家书店购买了图书。接着，我会说声谢谢，挂断电话。然后打电话给书店，说服任何一个接电话的人，让他告诉我"我"用信用卡买了些什么。我会提供交易号或常客账户信息，如姓名和地址。

　　我告诉那个人，一旦知道了他购买的是哪些书之后，我就会知道他想去哪儿了。之后，我会给航空公司打电话：全美航空公司、巴拿马航空公司、美国航空，凡是有航班往来于波多黎哥的航空公司我都会打上一圈，直到找到他的航班信息为止。然后我会去查找圣何塞[1]周围的汽车租赁公司的租赁记录。如果他用了真实的姓名和住址，我很快就能找到他待过的酒店。我会打电话给债务公司或黑社会或是任何一家聘请我的客户，告诉他们他人在哪里，如此一来，他只好跟自己的美好新生活说"撒由那拉"[2]了。

看到这里，你不难想象出他那"啊，靠"的眼神。他目瞪口呆——显然，我的这番话让他那宏伟的人间蒸发计划见鬼去了！但是，他对我感激不尽。他要了我的电话号码，说会打电话给我和我继续聊一聊。我们握了握手便分道扬镳了。

我离开书店，开车去了办公室。在那里，我的商业伙伴爱琳·霍兰（Eileen Horan）正在疯狂地敲着键盘，她在寻找我们受委托要找到的人员的下落。我告诉她我在书店里偶遇那个人的情景。在说到他居然还敢刷卡这个愚蠢的错误时，我们都开怀大笑。之后，我们开始讨论如果他真的想逃往哥斯达黎加，那该怎么办。

---

[1]　圣何塞：哥斯达黎加首都。
[2]　撒由那拉：日语，意为再见。

我们陷入了沉思。无论他怎么做，都一定在劫难逃了吗？他还有可能无声无息地从人间消失吗？销声匿迹者是否真有自信没人能够找到他们的下落呢？哪怕是像我们这样的专业人士也找不到？

我们搜肠刮肚，想出了一个可以甩掉聪明绝顶的跟踪者的办法。首先，我们得删除或毁掉所有关于他的信息，或者至少得让这些信息变得极其难以查找。然后，我们得编出一大串误导性的线索，让追踪者漫无边际地四处寻找。最后，我们还要用一系列匿名的私人邮箱和预付费电话，又快又神不知鬼不觉地为他设计出一种全新的生活。由于我和爱琳在找人时大多会使用公共记录、征信报告、水电账单和寻人网站，所以如果那些记录是有误导性的或者难以获得，那么我们只能自叹倒霉了。我们估计，大多数的追踪者也莫不如此吧！

在交谈的过程中，我们发现我们对找人这件事真的特别上心。我们能够为那些想消失得无影无踪的人提供宝贵的建议。对这个问题感兴趣的人可以参考很多书籍，但是没有一本书谈到事情的另一面：只要价钱合适，像我和爱琳这样的人一定会竭尽所能去找到一个人。只要我们寻踪觅迹的技巧不公诸于众，就没有一个人可能超越我们。

这对于从事这一行的我们来说是很好的，但是，对目标人物的隐私与自由而言则是不好的。我们认为，如果是出于自主的决定，守法的公民应该有和过去一刀两断的机会，然后开始一个全新的、更加私密的生活。而且我们可以帮助他们实现这一目标。那为什么不打造一个相应的行业呢？

我坦白告诉你吧：由于各种各样高尚的原因，这一前景光明的行业曾令我们激动不已，但是，一考虑到得不择手段才能摘得硕果时，我们又犹豫不决了。每一天，每一种我们用来找人的技巧都在变得越来越不合法，比如：假装是客户本人打电话给移动电话公司，或者打电话给银行，靠招摇撞骗黑进某个人的账户。我们两个人从来没有被警察逮过，但是，警察们总是对我们格外注意，我们总觉得自己的好日子很快就要到头了。自从经历了被我们称为"直升机乌龙"的事件之后，我们就变得特别神经质。

几年前，爱琳和我一起住在佛罗里达州，房子边上是一条运河。有一天，我们正在用电脑工作的时候，一种声音突然充斥了整个办公室："嚓，嚓，嚓，嚓，嚓，嚓。"天不怕地不怕的追踪者唯一害怕的就是联邦调查局，而这正是他们最不愿意听到的声音：我们的头顶上正盘旋着一架直升飞机。

爱琳和我面面相觑。我们把头探出了窗外，朝天上望去。天哪，直升飞机就在离我们的屋顶才 30 英尺的上空盘旋。我们把头收了回来，然后像无头苍蝇一样四处逃窜。我冲她大喊，让她赶快拿起电话簿，找到律师的电话。我说，先拨一半的号码，等警察破门而入时，再把电话拨完。

爱琳往前门外看了看，警车在外面呼啸而过。我们猜测，他们可能没找到门前的车道，我们可能还有几分钟时间。所以，她狠狠地翻着电话簿，拼命找律师的电话，而我把一台笔记本电脑摔到了地上，然后开始猛踩。接着，我拉开了一个抽屉，里面装满了各种各样的预付手机和电话卡，我把它们全都塞进一个桶里，然后冲出门廊，把桶里的所有一切都抛进了运河里。当时，我是这样盘算的：反正我得进监狱了，时间不多了，能销毁多少证据就销毁多少证据。而我确实有一些证据需要销毁。

又过了几分钟，爱琳和我把我们的设备踩得稀巴烂，一切要么裂成了碎片，要么没入了水中。直升飞机仍然在上空盘旋。他们为什么还不到门口来呢？"靠！"爱琳说道，"我骑车去看看到底是怎么回事？"她便从后门偷偷溜了出去。

15 分钟以后，她回来了。我永远都不会忘记当时她脸上的表情。

她说："你一定不会相信。"

我说："什么？"

"原来是有只海牛落在运河里了。不是警察，是公园警察。"

　　我看着满地早已裂成碎片的电脑，那些东西至少值 5000
美元啊！再加上我们在文件上花的那么多时间！然而，你知道
吗，那还不是我第一次因为假警报把一切都毁了？

　　我心想，是时候了，我应该退出这个行当了。

　　我希望你能明白为什么爱琳和我对那种风险稍微小一点的新
产业那么兴奋。如果帮助人们销声匿迹，我们就不用每次一有海
牛被困在运河里就抓狂了。所以，我们还是回到那天在新泽西的
情景吧。爱琳和我真的希望在书店里偶遇的那个人会给我们打电
话。所以，当他真的打来电话时，我们可以说是欣喜若狂。

　　"埃德·诺里斯瑞尔朗"（Ed Nothisrealname）打来电话时，
他问是否可以请我们帮助他神不知鬼不觉地溜出这个国家。和
我当初猜的一样，他不只是好奇。他真的想离开，而且有充分
的理由。我们后来才知道，他其实是一个告密者，靠揭露公司
的非法行径从政府那里拿钱。他和联邦调查局没有过节，但是
担心以前的老板会找自己算账。埃德原计划逃往哥斯达黎加，
但是由于在书店的偶遇，他得重新考虑这一计划了。

　　爱琳和我接下了这个活儿。我们写下了此前讨论过的所有
销声匿迹的技巧，然后手把手地教这位新客户一步步熟悉我们
的系统，告诉他应该如何操作。首先，我们修改了现有的所有

有关于他的记录，当然，也包括他在我们邂逅的那家书店里所使用的常客账户。我们给他的追踪者设置了一系列虚假的线索，开设了账户，说服房地产公司对其在某些外国的征信记录进行调查，而事实上他根本不打算在那些国家生活。

最后，我们用了最最复杂的方式把他送到了他的新家：我们先让他上了一架飞往加拿大的飞机，再飞往牙买加，再跳上一架前往安圭拉的小飞机，然后他在那里开设了一个临时账户。我们为他成立了一家国际公司，这样他就可以匿名使用金融服务，把自己的钱通过一系列的银行账户转出来，七绕八绕之后就没人清楚这些钱是从什么地方来的了。最后他和他的钱都安全无恙地来到了伯利兹。

我们的策略奏效了。我在写作这本书的时候，埃德在加勒比沿岸国家，靠着这笔巨款惬意地生活着。他的老板们始终没能找到他。他也有了一身迷死人的古铜色。这一切都源于在新泽西书店里的邂逅。

埃德只是开始。现在我的生活中有了一个新的追求。我不再替人找人，我开始全身心投入到帮助那些被人追踪的人。我接过一些中年人的活儿，他们梦想着有一天可以摆脱失败的婚姻和那些游手好闲但已长大成人的孩子们。我也接过惶惶不可

终日、天天被人跟踪的人的活儿，他们唯一的想法就是好好地
活着。我还接过那些个人信息受到泄露的人的活儿，并告诉他
们如何保护个人信息，以避过一双双窥视的眼睛。

但是，有些人我是不会帮的，比如警察、罪犯和疯子。对
于那些不想让税务局找到自己资产的"青年才俊"，我只会一
笑置之。对那些老是觉得被联邦调查局上了窃听手段的精神
病患者，就算他们一个劲儿地给我发邮件，我也置之不理。我
也拒绝了一大堆便衣警察和一大堆认为我可能是某个国际犯
罪集团幕后老板的疯子们。

顺便说一下，如果你是他们中的一员，比如警察、罪犯或
疯子，那么，这本书对你而言是没有什么帮助的，你最好还是
把书放回书架上去。啊，算了，你还是直接买了吧，只要不和
我联系就好。

我的生意挺好，但也谈不上火爆，直到有一天，我为一个
离岸生活网站写了一篇关于如何销声匿迹的文章。从那一天起，
爱琳和我的收件箱里便装满了邮件。人们从芬兰、巴厘岛、加
拿大、俄罗斯、中国、东京、澳大利亚、欧洲和南美洲给我们
写来了邮件，似乎世界上的每一个人都想知道怎样才能做到人
间蒸发。我们在无形之中引起了某种国际共鸣。

外国政府也对此产生了兴趣。我惊讶地发现，加拿大政府

在看完我的文章之后，冻结了我在该国拥有的所有资产。很显然，我的文章让他们感觉害怕了。加拿大，如果你在阅读本书的话，我想说的是：我不是一个骗子。而且，和尼克松不一样，我说话算话。

在写作本书的时候，我已经帮助一百多个人实现了人间蒸发的愿望。经济下滑之后，需要我的意见的人可谓与日俱增，因为在危机中，有许多经理人跳离了即将沉没的船只，而向往沙滩生活的下岗工人们也一下子涌现了出来。由于供不应求，我终于也开出了对得起我的付出的价格。在本书中，你只要花很少的钱，就能得到很宝贵的意见。你权且把它当作我对社会的回馈吧，或者说是积点阴德，作为我对曾经做过的那些疯狂的事情的补偿吧。

我真的做过很多疯狂的事情。还是一个追踪者时，我可以说是当时最优秀的人之一。正如上文所说，我有时可能真的是一个上不了台面的人。我通过给银行打打电话，给电话公司打打电话，给他们的母亲、姐妹、朋友打打电话就找到了成千上万个人的蛛丝马迹。我可以和好几个客服代表聊上很久，也能从家庭成员那里套到一些信息，还能以迅雷不及掩耳之势找到目标地点，速度之快会让你头晕目眩。而且，正如我和第一个销声匿迹的客户所说的那样，大多数追踪的对象真的很好找。他们并没有想方设法真正地消失，他们只是一拍脑袋就准备走人，在离去的时候还不忘使用信用卡以及他们的常客账户。傻啊！

这本书是我关于销声匿迹的集成之作，同时还可以避免他们曾经犯过的那些错误。我不会对你想要销声匿迹的原因评头论足。你需要隐私，而且理由合情合理。或许是中了彩票，你想保护飞来横财。或者你是一个目击证人，但没能获得联邦调查局的多少支持。或者你是一个家暴受害者、一个普普通通的公民，你想知道外面有什么人盯着你，应该如何保护自己的信息以免被小偷偷走。你也可能是一个雄心勃勃的国际珠宝大盗，总是在寻求新点子、新想法（别担心，我不会对你评头论足的）。

你所面对的是一个坚不可摧的敌人。无论追踪你的是谁（原来的老板也好，债主也好，或者是一个盗取个人身份的人），他都可能去请私人侦探或是像我一样的追踪者来找到你。一旦真的如此，你就会有大麻烦了。追踪者是职业撒谎者，他们会自称是你本人或是你的好友或家人，这样的话，他们才能够从客服代表、文员、接待员，甚至是认识你的、爱你的人那里找到他们想要的各种信息。要保护自己、防止被骗的唯一办法就是你也得撒点小谎，以其人之道还治其人之身。这便是我的建议的关键所在：以骗制骗。

但是在知道如何反击之前，你必须知道自己要反击的究竟是什么。所以，先让我和你谈一谈我们是如何寻踪觅迹的吧。

HOW
TO
DISAPPEA

如 何 从 这 个 世 界 消

Chapter

—

第 2 章

直面敌人：追踪者

—

在职业生涯的大部分时间里，我就是通过撒谎，从电话公司、银行，甚至是执法部门找到一些信息，进而才找到人的。我过去使用的大多数技巧现在都已经不合法了，所以我并不建议大家使用。但是，了解一下还是值得的，因为如果有人真的一心想找到你的话，他很可能根本就不关心自己是不是违法了。在本章中，我会根据个人经历，告诉大家 6 个寻踪觅迹的原则。

追踪者，名词：指的是找人的人，他们靠挖掘私密信息赚钱谋生。其目标人物包括囚犯、赖账者、被传唤的证人，或者是任何一个试图躲起来的人。

我的职业生涯可以用一个词概括：待租骗子。人们问我是怎么入行的，标准回答是："因为我在其他任何一个领域都找不到工作。"这是大实话。初次接触到寻踪觅迹时，我觉得我找到了自己梦寐以求的职业。成功的追踪者，比如爱琳和我，可以让电话另一端的人相信我们所说的每一句话，从而找到我们需要的每一种信息。

刚刚入行的时候，我就很擅长操纵目标人物，而当时我只有二十来岁。那时，我在一家零售商店当卧底，职责是逮住那些监守自盗的员工。最后，我厌倦了那种风险不高、回报也不高的驻店工作，于是就和侦探社的老板达成了一个协议：如果我可以拿到他的私人电话记录，就请他把我调离驻店卧底岗位，让我到密室做真正的追踪工作。他笑了笑说，如果能找到他的电话记录，我不仅可以如愿以偿，他还会马上解聘现在的追踪者。

那天晚上，我找了一个付费电话，然后开始和电话公司接触，开始寻找老板的长途电话服务商。终于找到那个服务商时，我自称是老板本人。我说我想核对一下上个月的电话使用情况。电话公司客服代表唯一希望我做的事情就是核对一下档案中的地址，而我知道这个地址。在稍事停顿之后，客服代表读出了区号和电话号码。我的借口很完美。

借口，名词：一种让某人提供敏感信息的谎言或误导性线索。在上述故事中，我借口自己就是老板而且想要知道自己的电话记录。

找借口，动词：指通过欺骗的手段寻找信息的行为。

第二天，我走进了老板的办公室，径直朝老板走了过去，然后把写有电话号码的黄色笔记本扔在了他的办公桌上。他拿起本子，看了看我的笔记，马上就知道自己手里拿的是什么了。那一周的星期五，那个在密室工作的家伙就被解雇了，一个全新的追踪者就这样"呼"地一下诞生了。

后来，我和老板在创造性方面有了一些分歧（姑且这么说吧），于是我离开了那家公司，开创了自己的公司。在这个见不得阳光的私人侦探领域里，我很快就如鱼得水了。对于私人信息而言，曾经有一个蓬勃发展的非法市场，而这个市场现如今依然存在。买家、卖家和贸易者应有尽有。

于是，我就有了第一个追踪的原则：

你的个人信息是一种颇有价值的商品，不论你是谁，总有人对它感兴趣，总有人想得到它。

这既适用于罪犯，也适用于守法公民。无论是想找到你，或者只是想窃取你的身份信息，那个人为了做到这一点都有可能会不惜一切代价。

发现个人信息居然这么值钱之后，我就步入了信息买卖行业。我一开始的时候是一个信息经纪人，向别人买进信息，然后再转手把信息卖出去，但是在几个信息来源变得不可靠之后，我决定径直去找信息来源，然后找借口去寻找需要的信息。我很擅长寻找有价值的信息：犯罪记录、社会保险号等。而且只要价格合理，不该问的问题我连问都不问，就会接手。

一个典型的名人寻踪故事

几年前，乔治·克鲁尼（George Clooney）[1] 在一个访谈之中，对小报说了一些很不中听的话，说它们是渣滓或是类似的意思。如果经常看那些杂志的话，你就会明白，现在他也经常对狗仔队做类似的评价（我知道，你只有在杂货店里排队的时候，才会看那种杂志，对吗？）。

然而你知道吗？那天晚些时候我就收到了一份传真。那份传真上有很简单的指令：找到乔治·克鲁尼。给名人们一点忠

---

[1] 乔治·克鲁尼（1961- ），美国演员、导演。

告：如果你辱骂小报，他们只会变本加厉地骚扰你（或许，那就是为什么乔治·克鲁尼会一直辱骂小报！）

在寻踪觅迹生涯的巅峰时期，我挣的钱可以用卡车来拉，有时，一周能高达 1 万美元。我用这些钱租了一个办公室，还请了 10 个人来帮忙，包括爱琳，她先是会计，最后成了我的生意伙伴，还和我合作写书。我们为小报查找信息，每周两三次，我们曾拿过一个大单去挖出美国国内名头最大的名人们的丑事。

我每天的生活是这样的：先来一杯咖啡，然后看一堆要求获得某一目标人物的电话记录的传真，另一堆传真则要求银行账单，说不定还有一堆是关于犯罪记录。如果你的名字碰巧出现在我的桌子上的话，那么你可能就会有麻烦了。我会坐下来，先梳理一下我对你都了解了哪些信息，你可能会在哪里留下蛛丝马迹：水电公司、杂货店、常旅客俱乐部。然后我就会拿起电话，开始找各种各样的借口。

我是行业的佼佼者。我之所以能够取得成功是因为我常常不按常理出牌，我懂得跳出框框来说服他人以获取我想要获得的信息。

于是就有了追踪的第二条原则：

信息业和其他任何行业一样。成功者懂得找到市场的空白点，而且懂得如何填补这些空白。追踪者之间的常态竞争让强者更强，年复一年都是如此。

很多人都希望自己的能力能够更上一层楼，能够找到出得起大价钱的客户，为他们找到私人信息，并反击那些一直都很警惕的人。

有时我觉得自己在完成一项工作时就像马盖（MacGyver）[1]一样，比如有一回，一个客户说如果我能找出任意 10 个人的犯罪记录，就给我 2000 美元。我用了一个孩子们玩的沙滩桶、一些预付费电话和一大堆 25 美分的硬币，在 25 分钟之内就找到了解决的办法。我是这么做的：我把一个红色的塑料桶带到时代广场的一个脱衣舞秀的表演现场（当时的脱衣舞表演与其说是吸引游客眼球的做法，不如说是一种粗鄙的表演），然后在换钞机上把一张 20 美元和一张 10 美元的纸钞换成了 25 美

---

[1]　马盖：美剧《百战天龙》（MacGyver）主角，他为美国政府的一个绝密部门工作，他运用自己过人的天赋、非传统的手段和丰富的科学知识拯救他人。

分的硬币，共 30 美元。然后，我就离开了。我一直朝南开了 8 个街区直到宾夕法尼亚车站。那里有一排排的付费电话亭，我就停在其中一个电话亭边上，只是现在这些电话亭都找不到了。一切准备就绪之后，我打通了南布朗克斯的一个警察局的电话，和某个警官通了电话。

我自称是来自中城南区的克里斯托夫探长，说我们的电传打字机出了问题，希望他帮我找一些名字。他听起来不太高兴，向我要了回电号码。我给了他一个，那其实是我身边一个空电话亭的号码。

几秒钟之后，那个电话响了，我改变了自己的声音。回答说："中城南区警局。"那位警察说要找克里斯托夫探长。我请他等一下，然后捂住了话筒，以免他听到离站火车鸣笛的声音。我注意到，有几个往来的行人瞪了我几眼。

"他的电话占线，"我说道，"您需要留言吗？"他说了句"不要"就挂了。然后他又打到了我用的第一个电话说："你需要什么，克里斯托夫？"

于是 2000 美元就归我了。我的小乖乖，我这个中学辍学者现在终于找到适合自己的工作了。

我希望大家通过这个故事可以看到追踪者其实是颇具创造性的。同时它也说明了寻踪觅迹中的第三个重要原则：

如果确实有关于你的精确信息，那么，只要他们有足够的时间和精力，追踪者是一定能找到的。

想象一下这样一个情景：我当时和一名警察通了电话，整个骗局只花了我 15 分钟。哪怕当时那个警察并没有给我需要的"商品"，我所要做的就是把市里的警察局一家家问过去。每一个"不"最终换来的都是"好"，而且如果当时请我的人有钱且能宽限我几天时间的话，我所能找到的将远远不只是那些伙计们的犯罪记录。比如，我还会找到他们的征信记录和银行记录，还有很多很多东西。

事实上，随着时间的推移，寻踪觅迹只会变得越来越简单、越来越高效。现在付费电话已经不多见了，但是，你只要在任何一家无线商店里购买一些预付款移动电话，就可以在任何时间、任何地点撒任何谎。不需要任何障眼法。你甚至不需要高超的电脑水平，虽然有则更好。人们一直都在问我，我究竟掌握了多少种电脑语言。答案是零。我只知道一种语言：借口！

只要有足够的胆量，你很容易就能找到想要的信息。这个事实说明的就是第四个原则：

只要公司有客户代表提供人工服务（作为消费者，我真心希望它们一定得有这类服务），那么一个好的追踪者所需要的仅仅是魅力和一部电话了。

弗兰克寻踪觅迹法则

● 我打打电话就可以从客服代表口中套出想要的信息，当然态度得好……或者价格合理。每一个"不"最终换来的都是"好"。

● 拿起电话时，我真的相信我就是自己自称的那个人。正如乔治·科斯坦萨（George Costanza）[1] 所言："如果你相信自己说的话，那就不再是一个谎言！"如果有人怀疑我所说的话，我非但一点都不担心，而且会态度蛮横、吵吵闹闹地要求见主管。

● 我经常扯皮。如果和一个年纪较大的女性通电话，我会告诉她我的女儿就要结婚了。如果是一个小伙子，我会大声吐槽最近一次去加勒比海沿岸国家的经历，或者是在湿 T 恤比赛[2]中大口大口地喝啤酒。我会让客服代表从一天枯燥无比的工作中解放出来，很快就和他们混得烂熟。

[1] 乔治·科斯坦萨：美剧《宋飞正传》（Seinfeld）人物之一。
[2] 湿 T 恤比赛：一种暴露的选美比赛，典型的特点是年轻女性在夜总会、酒吧或旅游胜地表演。

● 如果打电话给一家公司，但是接入的是自动语音服务系统，我就会直接拨 0。0 是一个神奇的按键，一按就有人工服务。如果真的找到了一个人，我就会拿出自己的拿手好戏，假装结巴，谎称说：我不会用自动语音服务系统，因为我从小就结巴，然后我就一路编下去。或者，我一开口就说自己得的是抽动秽语综合征（Tourette syndrome）[1]。不会有五个连续的"妈的"之类的，不会让人想把我的电话直接挂掉。孩子，以后我得下地狱，不是吗？

● 我从来不会开门见山，说自己需要什么。我不会说："嘿，把我的账户报给我，好吗？"或者"请把我的地址再说一遍"。相反，我会设计出一系列极其复杂的程序，弄得我的猎物忍不住，哭着喊着把我需要的信息给我。

最优秀的追踪者只要能逮住一个人工客服专员，就能易如反掌地拿到他们需要的任何一种信息。我随便找一两个借口，寒暄几句，就能轻松搞定苏格兰场[2]、国际刑警组织，还有遍布

---

[1]　抽动秽语综合征：指以不自主的突然的多发性抽动以及在抽动的同时伴有暴发性发声和秽语为主要表现的抽动障碍。

[2]　苏格兰场：英语正式名称为 New Scotland Yard，又称 Scotland Yard、The Yard，指英国首都伦敦警务处总部，负责地区包括整个大伦敦地区的治安及维持交通等职务 [伦敦城（City of London）除外]。

全美的警察局和银行，绝对出乎你的意料。现在，我已经从追踪者的世界里退了下来，但是，那里还有许许多多和我一样的人，他们懂得如何和客服代表攀谈，懂得如何通过闲扯获得自己需要的商品。

如果你已经远走他乡，过上了椰风海韵般的生活，那就让我们来看一看，明天追踪者或者任何一个被雇用来找你的人会如何行事。首先，追踪者会甩下 20 美元买一部预付款手机，然后再花上 19.95 美元进行在线信息搜索。这种搜索人人都会，只要在谷歌上输入"背景调查"就能完成。那些网站永远都不会问你为什么要四处搜寻某个人的信息。

我和苏格兰场的对话

苏格兰场工作人员：您好？

我：您好，我是纽约特遣部队的帕特·布朗，我遇到了一点小问题。我正在调查珠宝失窃案，我找到了一个人名，但是，这有可能是一个假名。希望您这里会有相关的信息。

苏格兰场工作人员：您和某某（一个法国人名）聊一聊，好吗？他是我在国际刑警组织的朋友，他一定帮得上忙。

……搞定。突破国际执法机构就这么易如反掌。"特遣部队"这个借口在海关也特别管用。他们真把我当成警察了。

网站提供给追踪者的或许只是一个旧地址、亲戚的名字，或旧号码。但是，有了旧地址，他就可以用预付费手机给附近的书店打电话。打了几通之后，他可能误打误撞就找到了那家书店。你曾经为了规划宏伟的逃亡之旅，在那里专门购买了所有图书。打通电话后，他会说：

追踪者：您好！我是征信部门的帕蒂·库珀。我们的系统崩溃了，系统里有几个名字找不到。您能否帮我查一下有没有一个叫吉米·克里斯的客户？他在我们这里办了一张打折卡。

（书店店员一般会让追踪者等一下，然后就去确认了。）

店员：是的，我们确实有一个名叫吉米·克里斯的客户。

追踪者：太好了！他是住在丽兹巷 13 号吧？

店员：没错，就是他。

追踪者：我想再占用您几分钟时间。您可以和我核对一下他的消费记录吗？我觉得克里斯先生的部分购买记录被误删了。

店员：我们的系统显示他购买了一本哥斯达黎加旅游指南、一本离岸金融类书籍，还有苏斯博士（Dr. Seuss）的《你要去往多少美妙的地方！》(*Oh, the Places You'll Go!*) [1]。

追踪者：谢谢您的帮助。祝您愉快！

店员：祝您愉快！

追踪者：哦，对了，还有一件事。他有没有填写电子邮箱？我只是想告诉他，我们已经解决了他的账户问题，还会送一张优惠券给他。

店员：有：_____@yahoo.com。

追踪者现在知道你已经购买了旅游指南和离岸金融方面的书籍。这对于追踪者而言可是一个重大的线索。他同时还掌握了你的电子邮箱。或许，他接下来就会去查看奈飞网（Netflix）[2] 的观看记录，接着就发现你的待看影片清单中有一部片子叫《老练的旅行者：巴拿马》(*The Seasoned Traveler: Panama*)。如果你真的在巴拿马，那你就玩儿完了。

所有这一切听起来易如反掌，令人难以置信，对吧？但是，我可以向你保证：真实的寻踪觅迹就是这样的。没有多少人敢冒充他人、敢随随便便给各种各样的公司打电话，所以，

---

[1]　苏斯博士（1904.3.2-1991.9.24）：20 世纪卓越的儿童文学家、教育家，曾获美国图画书最高荣誉凯迪克大奖和普利策特殊贡献奖。

[2]　奈飞网：成立于 1997 年，是一家在线影片租赁提供商，主要提供数量庞大的 DVD 并免费递送，总部位于美国加利福尼亚州洛斯盖图。

电话另一端的人在接到此类电话时很少会产生疑问。更可怕的是，这种策略屡试不爽：不仅适用于傻不愣登的客服专员，也适用于你的家人和朋友。这就是第五条追踪原则：

　　一名优秀的追踪者能够从任何一个信息拥有者那里获取信息。

　　这里所说的任何一个人包括你的邻居、保姆，甚至你的母亲。如果你还不相信，我可以分享一两个故事，你一下子就会明白。

　　有一回，一个老顾客给我打了一个电话，给了我一个女人的名字。他只想知道她的位置。很简单。爱琳、我以及我们的助手卡伦马上在我们惯常查找信息的地方开始搜索，我们冒充这个女人给各种公司打电话。不久，我们就发现了这个女人可能藏身的地方了。

　　接着，我就给那个女人可能藏身的地方打了一个电话。她家的保姆接了电话，以下就是我们的通话内容：

保姆：你好？

我：你好，我是 UPS 快递公司的帕特·布朗。我们有某某

（那个女人的名字，但我故意念错了她的名字）的包裹，但是包裹进水了。

保姆：哦。

我：我们需要她签名后才能处理，不知道她什么时候会回来？

保姆：呃……

我：那好吧，我把包裹退回去就好。

保姆沉默了一会儿。

我：我可以把包裹直接退回去吗？

保姆：不……不要。你把包裹直接送到这里吧。

我：好的，那我们什么时候可以过来找她签名？

保姆：她六点钟左右会回来。

道谢之后，电话"咔"的一声挂了。我给客户打了电话，告诉他，目标人物会于某某时间到达某某地方。"对了，这个女人是谁呢？"我问道。

"看新闻。"他告诉我。

之后，我在附近一间酒吧里惬意地喝啤酒的时候，屏幕上突然出现了一则新闻：威廉·杰斐逊·克林顿（William Jefferson Clinton）疑与白宫女实习生有染！我的眼珠子差点儿掉了出来。啊，天哪！看来我们找到了莫妮卡·莱温斯基（Monica Lewinsky）的藏身之处。

　　第二个故事是关于一个名叫本尼先生的客户。他从事的是废物清运行业[1]。本尼请我帮他找出有关某某人的"一切"。"您所说的'一切'是什么意思呢？"我问道。

　　"就是他妈的一切啊。怎么，你没听清啊？"他说。

　　我说我听清了，但是我不知道他所说的"一切"究竟指的是什么。

　　"少跟我装蒜，"他说，"装蒜不会有好果子吃。一切就是一切。"他挂了电话。

　　张口闭口就要求找到一切的客户最可怕了。好吧，最可怕的或许是那种兜里没有几毛钱，却张口闭口要找到一切的客户了！本尼先生压根儿就没钱。我也从来没有把发票给他。他总是在同一个时间、同一个地点（每个月的第一天，在曼哈顿闹市区）用现金付账。万一哪天我错过了这档子街头交易，那可亏大了。

　　我动用了追踪者的"三架马车"开始调查：机动车调查、

---

[1]　废物清运行业：委婉语，即垃圾清理工。

征信报告和犯罪记录调查（大多数侦探就是用这三招开始查案的）。然后，我又找了水电公司。我找啊、找啊、找啊，这个家伙纯粹就是一个无名氏。他生活在新泽西鸟不拉屎的旮旯里，曾经干过工会，现在下岗了，而且还酗酒。

事实上，我只有他的出生日期、水电费欠缴单，以及他母亲的地址和电话号码。我绞尽了脑汁才想起来，再过一个月就是他的生日了。我跳了起来，拎起那个装满了25美分硬币的桶，冲到了新泽西第17号公路旁的一个付费电话亭。把一大堆硬币倒进去之后，电话铃响了，然后我就听到了他母亲很甜美的问候声。

"您好，琼斯夫人，"我说，"我叫帕特·布朗。不知道您是否还记得我，我和您的儿子以前在纽瓦克共事过。"屡试不爽啊，她记起我来了，然后她说我们上次见面是很早很早以前的事了，真是时光飞逝如电啊！我知道，在某些地方糊弄老太太是一种罪过，但是我还得养家糊口啊！

"下个月我们就要给您儿子庆祝生日了，"我说，"我们想给他一个惊喜，给他办一场'此生有你'的生日派对。"

"啊，太好了！"她说道。她一定认为，我和我的同伴们是这个世界上最最好的人了，因为最近她儿子的运气很背。她忍不住又和我唠叨了一句："你知道吧，他就是好赌马啊！钱全败光了。"

我心想，他是不是欠了本尼先生一屁股债呢？但是后来一想，不对啊，要是那样的话，他的腿恐怕早被撕成两半了。所以我说："如果您不介意的话，不知道能不能占用您一点时间，和我谈谈他。"

我们从幼儿园谈了起来，说到了夏令营，说到了他的第一个女朋友，第一份工作，中学，去波克诺山度假，他最好的朋友，他最喜欢的球队，他住院的情形，等等。最后，我只剩下最后 10 枚 25 美分的硬币了。然后，我找了个借口，把话题扯到了当下：他现在在哪儿生活啊，做什么呀，什么时候的事儿啊。一切还是那么平淡无奇，但他居然有一个热辣的女朋友，还是做模特的！

我驱车去了 25 分钟车程以外的脱衣舞厅，又换回了一大堆 25 美分的硬币。我用这些硬币给本尼先生打了个电话，结果发现女朋友正是问题所在。她刚刚抛弃了本尼先生，本尼先生因此大为光火。他把火气撒到我头上了，责备我在"把钱全部败在赌马上"的那位先生身上没发现最关键的问题：他的父亲和本尼先生曾经一起坐过牢。啊，出于某种原因，他的母亲并没有提到这一点。

我们这些追踪者有时也会犯错误。我们有时会错过某些至关重要的信息，比如我对本尼先生发出的某些信号并没有上心。再比如，有时我们在电话里说的东西引起了电话另一端的人的怀疑。有时，由于一个虚假的线索，我们获得了错误的信息。但是，我们不用担心这些错误有朝一日会反咬我们一口，因为我们使用预付费电话和电话卡，以及其他一些策略来自我保护，比如，我们只会使用公共无线网络等。于是乎，我们就有了最后一个追踪原则：

> 追踪者在苦苦寻找你的踪迹时爱犯多少错误就犯多少错误。而你只要犯一个错误就玩儿完了。

事实上，我们犯的错误可以说是妙趣横生。日后说起来总是令人忍俊不禁。比如，有一回，一个小报记者打电话给我，让我找出约翰·瑞特[1]的私人电话号码（当然，那是他还在世的事情了）。我给他所在地区的所有水电公司通通都打了电话，每次开头都是："您好，我是约翰·瑞特……"最后我还真的挖到宝了：瑞特开户的公司。

---

[1]　约翰·瑞特（1948.9.17-2003.09.11）：美国演员。

电话另一头的那个家伙听了之后大吃一惊。他大概是这么说的："约翰·瑞特？！就是那个约翰·瑞特？我太喜欢您的作品了！"

"嘿，谢谢！"我说。然后，为了防止他看到我使用外地号码后产生怀疑，我补充说："我现在在外地拍电影。我这个月的水电账单有点乱。我想确认一下您是否有我，或者是我经纪人的联系方式，因为我不知道账单一般会寄到哪儿去。"

"我想，我们有你的家庭住址。"电话另一头的人说道，他激动得有点乱了分寸。

"很好，所以您有……"我开始说出约翰的家庭地址。

"对。"

"电话号码都存档了吗？"

"我看看，是……"他读出了一个固定电话号码，外加一个手机号。搞定。

然后，他的话匣子一下就打开了，滔滔不绝地说了起来，说什么"我"的职业生涯、《三人行》(*Three's Company*)、等等。他是约翰·瑞特的超级大粉丝。于是，我决定和他扯扯皮。为什么不呢？

我们聊了电影、电视，最后他终于准备打住了："嘿，您知道吗？我也喜欢您父亲的作品。"

"谢谢，"我说，"我会转告他的。"

然后，电话另一端是一片死寂。

"但是，您的父亲已经过世了。"那个家伙说道。

电话"咔嗒"一声挂上了。

我忍俊不禁，笑到停不下来。对于我而言，这没有任何问题。我所要做的一切就是把约翰的电话号码给我的客户，扔了一次性手机，然后永远都不要想起这件事。

所以，你也看到了，寻踪觅迹可以是一种极具娱乐性的职业。我并不鼓励你加入这个行当。诚如我所言，我们的所作所为现如今已经有违法之嫌了，而且，如果你胆敢冒充他人、欺骗银行的话，一旦被逮住，可能会把牢底坐穿。但是，很多人还是乐此不疲，所以，请务必牢记我刚刚教给你的六大原则：

● 无论你是谁，你的个人信息都是一种有价值的商品。保不准哪一天就有人会寻找这种信息。

● 寻踪觅迹和其他行业无异，要想在不断的竞争中生存下来就应该挖掘自己的潜能。唯有如此，经过岁月的沉淀，你才能做到出类拔萃。

● 在这个世界上，只要有精确的信息可挖，那么追踪者是一定可以找到这些信息的……前提是你有足够的钱。

- 对于所有的追踪者而言，成功的秘诀就在于魅力和电话。
- 优秀的追踪者可以从任何一个人的嘴里套出信息，无论这个人有多么爱你，或是在内心深处处处为你着想。
- 追踪者可以犯几十个错误，但是，你连犯一次错的机会都没有。

所以，如果你想和过去的生活一刀两断，或者，如果你想保护个人隐私，摆脱窥视者、追踪者的目光，但不想远走高飞，你就应该着手准备一种退出策略，而这一策略就是以这六大原则为前提的。

继续阅读本书吧，我会手把手地帮助你制定这一策略。但是，在此之前，我想特别提醒你注意自己最大的短板。如果有朝一日，你真的想销声匿迹，那么从今天起，你就应该从以下这些方面着手准备了。

一

HOW

如　何

TO

从这个世界

DISAPPEAR

消　失

HOW
TO
DISAPPEA[R]

如 何 从 这 个 世 界 消[失]

追踪者最好的朋友

—

　　如果幸运，你就有能力负担水、电，以及生活中的一切便利。如果更幸运一点，你可以买得起电脑。电脑会为你开启一个全新的、充满乐趣的世界：和朋友们在脸书和推特上聊天，便捷的在线金融服务，电话公司、电力公司以及其他各大公司提供的优越的在线客户服务（经济衰退之后，客服质量大为提升，这不是皆大欢喜吗？各家公司争先恐后地想标榜其用户友好的一面：网站水平大为提升、一周 7 天、一天 24 小时的全天候热线电话、无微不至的个人关怀……是的，活着真好）。

　　如果你是一名追踪者，你就更容易发出这样的感慨。

　　本章的主旨是说明客户友好型公司并非你的好友。另外，你要知道，自埃德加·胡佛（Edgar Hoover）[1]以来，侵犯个人

---

[1]　埃德加·胡佛（1895.1.1 - 1972.5.2），美国联邦调查局第一任局长，任职长达 48 年。他利用联邦调查局骚扰政治异见者和政治活动分子，收集整理政治领袖的秘密档案，还使用非法手段收集证据。

隐私的罪魁祸首就是社交媒体网站。如果想远离纷扰，你首先要知道：

对任何一家想让你的生活变得更加便利的公司都应该敬而远之。

现如今，每一家公司大抵如此，但是，网站更甚。有了网站，要找到中学同窗可谓易如反掌，当然，前提是你把电子邮件联系人、地址、电话号码、个人照片和家人的照片统统上传到网络，供全世界的人观瞻。在线电话簿、博客、互动式网站、病毒式营销广告也是如此。我尤其关注的还有大型国有水电企业、电话公司和互联网公司，你向它们咨询时，它们一般会把电话转接到印度或肯塔基农村等地的外包电话中心。随便找个借口，就能撬开这些电话中心工作人员的口。

客户越容易接入在线人工服务，追踪者就越容易对其造成真正的伤害。如果某家公司认为你不仅仅是一个匿名用户，那你就可得小心了。

如果你想保护个人隐私，那么第一步就是停止使用脸书，停止在校友网上发帖子，删除推文。我觉得，其实并没有必要做这样的提醒。如果你想消失地无影无踪，就应该远离社交媒

体，这是想都不用想的问题。但是，我发现，还是有很多人在
社交媒体网站上使用我的追踪技巧，所以还是有必要重复提醒
一下这一点：

社交网络及病毒式媒体都是个人隐私最大的敌人。

在上一章中，我曾经说过，寻踪觅迹是一种古老的行当。
要想在网上找到一个人的信息，你大可不必成为一名黑客，也
不需要密码，没有那些，追踪者一样搞得定。我们职业生涯的
核心是"社交工程"。

社交工程，名词：1. 通过狡猾的手段或交谈，而不是暴力、
越界或数字侵入来获取敏感信息的行为。2. 从他人嘴里骗取信
息的学科。

社交工程师，名词：社交工程践行者。

一旦嗅到了你的气息，追踪者要做的第一件事就是想方设
法打入你的朋友圈。你经常去的公司的名称、经常出入的场所、
经常和你混在一起的人，这些都是他寻找的目标。然后，他就
会开始拼命打电话、发邮件，直到有人上当受骗，向他吐露了

消息。社交网络把所有这一切变成了一站式服务。

　　如果你有脸书账户，哪怕进行了隐私设置，你的个人主页仍然会成为一座金矿。记住，除非你的隐私偏好设置为最高等级，否则陌生人一样会看到你的好友清单，哪怕他们还没有"加你为好友"。但是，你可能会说，陌生人只能看到部分好友啊。没错，但是，如果反复点击"刷新"的话，那就会积少成多，每次刷新后的好友信息都会有所不同。我和我的同事们通过这种方式发现了很多目标人物的家人和同事，因此我们专门起了一个名字：脸书刷新。

　　脸书对于我们而言是一个真正的宝藏。但是，它并不是我们使用的唯一的网站。

既愚蠢且耗时的网站一览表[1]

AIM	Mixx	Tumblr
BeboMySpace	Twitter	
Blogger	NetvibesTypePad	

---

[1]　以下为各种类型的社交网站，同理，可将脸书、推特替换成微博、微信、QQ、陌陌等各种社交网站或 App，或者 Lofter、花瓣网、淘宝、支付宝等各种可能或必将获得用户个人信息的平台。

Classmates	Orkut	Vimeo
Delicious	Picasa	WordPress
Digg	Propeller	Xanga
Flickr	Reddit	YouTube
Google Talk	RSS	Ziki
LinkedInStumbleUpon		

所有社交网站都喜欢爆料。无论你选择了什么样的东西挂在网上，优秀的追踪者都能够用它来对付你。他可能会冒充一个想和你取得联系的老熟人，"添加"你的朋友和家人为"好友"。考虑到这样一个问题，请务必记住：

你永远都不知道"好友"列表中的人是否真的是你的好友。

在社交网站上，如果你同意添加某人为好友，哪怕这个人是你的老朋友，你也要记得给他们打个电话或者写上三言两语，对他们添加你为好友表示感谢，也可以借此确认好友的真伪。一个人很多年杳无音信，冷不丁却要加你为好友时，你得特别注意了。

　　如果觉得自己从来没被骗过，你不妨听一听下面这个故事。在整个社交媒体狂潮来临之前，有人请爱琳和我调查一名卡车司机。据说，这位司机谎称背部受伤，申请残疾保险金。我们姑且称其为加里吧。请我出山的那位客户对加里进行了监控，但是一无所获，没有发现他有丝毫欺诈行为。

　　爱琳和我着手调查时，一切都是空白。加里看起来是个失业人士。爱琳用谷歌搜索了加里姓名的多个变体，有时还加上其出生年月，结果你瞧：她发现加里在校友网上发布了一则寻人启事，说是要寻找失散多年的中学女友。爱琳和加里取得了联系，向加里诉说了自己婚姻的不幸，还说很高兴加里依然记得她。加里的回答既快又情意绵绵：他洋洋洒洒地写了好几页，邮件里满满都是爱。

　　经过一系列的邮件往来之后，加里的邮件里流露出了些许怀疑的口气。他说，他想打电话聊一聊。爱琳做过深入的背景调查，她婉拒说，她得提高警惕，因为"她"的丈夫有家暴倾向。加里做出了让步，我们也争取到了更多的时间。

　　爱琳开始有些内疚了。加里住在拉斯维加斯郊外一个破烂不堪的拖车公园里，和他一起生活的还有一只长着大肚腩的猪，它叫鲍里斯（这可不是我杜撰的）。他甚至连个人电脑都没有，通常得到图书馆去用电脑。在一封邮件中，他说：有一回他在图书馆里足足等了四个小时，就是想等到她的回信。

我提醒爱琳，加里犯的是欺诈罪，如果能够找到他工作的地点，我们就可以大赚一笔。"哦，对。"她说，然后给加里回了一封邮件，告诉加里，她现在在做服务员，住的地方离他不远。虽然加里对自己的生活状况不再有太多隐瞒，但是，他对自己在哪儿工作仍然只字不提，而且事实上，他一直坚称自己身患残疾。

这一切是否会让我感到内疚呢？

有一回，我应邀在普林斯顿大学演讲，我说：我是一个追踪者，我的职业是帮助人们销声匿迹。我记得有一个学生听讲时眼睛瞪得大大的，看起来祖上像是。英国来的清教徒。演讲结束之后，他举起了手，问道："你曾经坐过牢吗？"我足足瞪了他一分钟，让他不寒而栗。然后我回答说："没有，没有，我没有坐过牢。"

天哪！在那样的场合，我从来没有过那种无所适从的感觉。

还有一个人问我，我到处寻踪觅迹，向保险公司、信用卡公司、小报以及其他不怀好意的客户举报这些人的行踪，我是否会因此感到难过呢？对此，我的回答如下：我从来没有追查过无辜的受害者。如果你出现在我的名单上，你一定做过一些蠢事，或者违法的勾当。我从事这种工作是为了赚钱，但是，我还是会有自己的底线的。我所有的目标人物都有不得不被调查的理由。

电子邮件仍然往来不断，有一天，加里问起了他们过去认识的一些人：她是否记得这个人、那个人？看起来加里仍然心存疑虑。

于是我们就把球踢给了加里。爱琳写道：他的不信任让她觉得受到了侮辱，也受到了伤害，她要结束邮件往来了。这让加里大吃了一惊，所以他提出两人得见个面。"哪里？"爱琳问道。"周末的时候，我会驾驶一辆罪恶之城[1]巴士到赌场去。这是我的路线和日程安排表。"他回答说。

我们的客户，带着一架隐形照相机，坐上了加里的巴士。加里由于谎称残疾，犯有欺诈罪，需要在牢里度过一段时间了。谢谢你，社交网络。

很多人和加里一样，上社交网站纯粹是出于某种兴趣爱

---

[1]　罪恶之城：美国赌城拉斯维加斯的别称。

好。就加里而言，是追逐浪漫。有的人上社交网站是为了谈论公仔、针线活儿、国标，以及疯狂猫奴之类的东西。如果有这样的癖好，那么你应该进入到真实的世界之中，参加读书俱乐部，或是女红俱乐部，而不是加入到邮件列表。所以，我的下一个重点就是：

> 与其在网上，不如在现实世界里实行个人的兴趣爱好。

有一位女士就是因为痴迷于麦当娜而被我们逮住了，你去问问她就明白了。她摔了一跤，于是提出了残疾赔偿申请，同时起诉其雇主玩忽职守，对其状况不闻不问。客户认为此人并非摔伤。几个私人侦探用了监控手段，但是她谨小慎微，从来没有在院子里劳作，也没有另谋高就，或做任何一件可能暴露其现状的事情。

在谷歌上搜索了她的名字之后，我们发现她曾经在麦当娜粉丝网的签名簿里签过到。我们顺藤摸瓜，找到了她在"我的空间"网的网页，那是献给麦当娜的一个空间。我们给她写了邮件，说她赢得了一个大奖，邀请她与其他获奖者一起竞争麦当娜录像中的一席之地。我们给她发送了一个网址链接和一个电话号码，两者都含有比赛信息。网站是在海外一家私人企业注册的，通过预付卡支付了费用，电话号码则是一个预付手机号码，所以，她是没有办法回溯到我们这家小企业的。哪怕她想这么做，也懂得如何操作，那也是做不到的。

很快，目标人物就和我们取得了联系。我们告诉她麦当娜录像比赛的规则与条件，包括试镜。在试镜那一天，她来了，填写了一张表格，声称自己身体健康，能够参加活动。在试镜期间，我们让她提了一点小重物，做了几次开合跳、仰卧起坐，还有一些舞蹈动作——所有这一切都被记录了下来。听到提示音后，她冲录像机笑了笑并说出了自己的名字。她的案子以及赔偿申请很快被否决了。

作为追踪者，每一次在找到目标人物的兴趣爱好之后，我们总是会像傻瓜一样笑个不停。兴趣是定位目标人物的最可靠途径。书虫可能会把其亚马逊 Prime 账户迁移到哥斯达黎加的新地址。痴迷于菲力牛排的人会想方设法找到奥玛哈牛排（Omaha Steaks）[1] 馆的最新电话号码。一旦掌握了你的兴趣爱好，我们就会开始打电话给那些能够帮助你维系这些兴趣爱好的人。

如果不希望有人知道你生活的每一个细节，那么请注意，

---

[1]　奥玛哈牛排：全称 Omaha Steaks International, Inc.，美国一家专门生产、制作、销售牛肉制品的公司。

千万不要把你的全部生活都搬到网上。我觉得下面的这句话不
需要说，但是，不得不说啊：

点击"发布"前请三思。哪怕日后你删除了账户，凡事只
要上了互联网就无法撤销了。

有一回，一个客户把一位女性求职者的简历交给了我们。
我们在领英上找到了她的旧的个人简介。简介上有一份工作
与她现在提交的这份简历有所不同，而且一些时间也有些自
相矛盾。最终，她并没有被录用。哪怕是觉得自己已经把存
在过的痕迹删除得一干二净了，你还是得花一点时间重新检
查一下你曾经用过的网站。

有时候，人们在领英里的个人简介不止一个版本，但自己
却忘了。千万记住不要重复发布。

一个网页可能带来的危害极其严重，而且没人知道网页究
竟会存在多长时间。但是更可怕的是，在社交网站上，个人对
自己的网页几乎处于完全失控的状态。即便你不在网络里，你
的朋友也可能在网络里啊！他们可能会在无意间发表了一些关

于你的小道消息。

　　互联网是你做也不是、不做也不是的地方之一。哪怕你什么也没做错，但是，你的朋友和邻居也可能会把你的私人信息放进去，使你很容易受到像我这样的人的攻击。他们并没有意识到他们这样做是有害的，你也没有意识到网上还有你的信息，而就在不知不觉之间，追踪者或跟踪者或身份窃贼已经到了你的家门口。

　　家人、朋友、公司、非营利机构通常想都不想就会把你的信息直接公布在网上，他们从未想过要保护你的个人隐私。不相信的话，你不妨到 Switchboard.com 或 Yahoo! People Search 或 BirthDatabase.com 这样网站上去看一看，看看你的个人信息有多少是可以免费获得的。如果没有特意让那些公司删除你的个人信息的话，你的地址、电话号码，甚至年龄都会一直挂在网上。

　　脸书、推特和雅虎等企业的初衷都是好的。同样，所有极力提升客户服务水平，试图击败竞争对手的水电公司和电话公司的初衷也是好的……但是，最终它们都把个人信息放在了任何人都唾手可得的地方。记住：追踪者都是专家级的能言善辩者，他们只要借助传统的办法，打打电话，就能把你的大部分个人信息弄到手。这说明了一件事：

公司客服代表越善良、越好说话，就越容易上当受骗。

现如今，只要打电话给大多数大型国有水电公司和电话公司，你在几秒钟之内就能拿到地址或账户名。你可以说我有一个电话号码，我想知道谁在使用这个号码。我会打电话给水电公司的客服热线，输入一个电话号码，自动语音在"确认"账户名之后就会自动报出地址或姓名。它们就是这样保护你的个人隐私的。谢谢你，水电公司。

最令人深恶痛觉的侵权者

你可能很想知道哪些水电公司在保护个人隐私免追踪者、跟踪者、基地组织或黑社会侵犯方面做得特别差。我永远都不会告诉你这些公司的名称……哦，等等，是的，我还是会说的：太平洋煤气与电力公司、佛罗里达电力照明公司。

如果自动语音不能给我我需要的信息，那么我就会拨 0（追踪者的神奇按键），然后和友好的客服代表交谈。他们中的大多数人不需要任何多余的提示，就会竭尽全力来帮助你。"我还没有收到账单，我想知道我是否有欠费？"我可能会这么说。客服代表就会着手去查找，然后告诉我"我"欠费 50 美元等。

我让她去核对一下档案中列出的邮寄地址。"你的系统上是显示账单寄到了我的家庭住址还是寄到了邮箱地址？"客服代表会回答说："我们的系统显示的是寄到了家庭地址。"

我会不给她任何思考时间直接打断她："他们是否把地址都准确地记了下来？我没有收到账单啊！"于是呢，她就会很贴心地说出你梦寐以求的地址："我们系统里的地址是丽景巷1005 号……"诸如此类。

大多数时候，这个办法百试不爽。如果没有起到预期的效果，我就会更进一步说："你们有我正确的家庭电话号码或工作号码吗？"很自然地，他们不晓得档案上的号码是不是我的家庭或是工作号码，所以随口就会把号码念给我听。

客服生而不同

我这么说可能会引起公愤，但是，出于某种理由，男性客服代表比女性客服代表更容易透露信息。年长一点的女性最难突破。年轻一点的女性容易一些。

有时，只有在我说出她们有点像我亲爱的母亲（她刚去世不久）时，才能拉近我和年龄稍长的女性客服代表之间的距离。让人觉得不安的唯有死亡。一听到死亡，一种人同此心的感慨之情就会油然而生，就会乐于伸出助人之手。

你知道，我之所以觉得年长的女性客服代表较难打交道，可能仅仅是因为我是男的。一个人越是容易和你闲扯，就越容易糊弄。关键在于如何拉近与此人的距离。

可以这么说，只要方法得当，大多数有客服热线的大型国有公司至少都会透露一些你的私人信息。有线电视公司很容易渗透：和水电公司一样，有线电视公司有提示系统，输入不同的数据能极其方便地搜索到相关账户。我的经验是：大多数有线电视公司是按电话号码来存储账户信息的，而且大多数电话号码是最新的且可用的：毕竟，如果你想看付费电视，你的电话号码首先必须是在用的。

还是一个全职追踪者时，我就把有线电视公司视为备用方案，一旦电话公司和水电公司无法提供我所需要的信息，我就会去找有线电视公司。我和同事会找到当地的有线电视服务商，然后通过提示获取电话号码。如果碰巧中了，我们就会拨打 0 号键，找人工客服代表。"您好，我是有线电视维修小组的帕特·布朗。我们的系统出了点问题，我们需要您找一个号码，以便提供相应的服务。"我说。他们就会把号码和相应的信息也给我。

对于我的同事们来说，通过有线账户寻找目标人物是经济萧条时期最受青睐的一种方法，因为即便是在经济不景气的时候，人们也会看有线电视。和水电公司一样，每一个州都有两到三家大型有线电视服务商。除非你还生活在丛林里，否则你的有线电视服务一定来自其中的一家。几乎没有一家大型公司会想到你是个追踪者。

有一些电话和互联网公司特别好，假如你佯称忘记密码，它们还会把密码发送至一个任意邮箱里。我和我的合作伙伴们通过其中一家公司，获取了一位影视圈大名人的手机记录，我们姑且称其为肥佬吧。我不想提他的名字，这个人在镜头前总是温文尔雅，但在现实生活中却令我惊讶不已。如果有朝一日他发现是我黑进了他的账户，我相信自己一定玩儿完。

有一个客户打来电话，让我们调查肥佬所有手机（共四部）的通话记录。他的夫人也是个名人，她认为肥佬出轨了。他的四部手机绑定的是同一家客户友好型服务商。我们意识到通过电子邮件就可以轻松获取其账户信息，但是，我们只要这么一做，他马上就会收到一条短信通知。这意味

着，要获取通话记录，我们只有一次机会。之后，他马上就
会知道有人正在调查他的通话记录。

　　我觉得最好的办法就是在凌晨三点的时候提取通话记录，
因为那时肥佬一定睡得像死猪一样，很可能听不见短信的声
音。我上网申请了一些邮箱，然后篡改了肥佬的账户信息。哪
怕他醒过来了，我知道我还有相当充足的时间，足以搞到一堆
记录了。我把这些记录全部搞到手，第二天发给了客户。

　　我太懒了，我还是头一回用自家网络直接上网搞到了电话
记录。我还忘了使用匿名网络冲浪软件。但是，谁又知道那些
程序到底起不起作用呢？不管怎么说，我做了一个错误的决
定，把自己变成了反追踪的对象。

　　怀疑你的男人在搞婚外情？设法搞到他的通话记录。如果
他有小三，很可能每天早晨他离家之后打出的第一个电话以及
晚上回家之前打出的最后一个电话都是打给她的。

　　第二天，我的客户打来了电话，声音低沉但不容置疑："肥佬
已经知道了。"现在，时间用一点少一点，所以我们一起查看了手
机账单，共同寻找这位小三。我们找到了她的姓名、地址和照片
（照片从何而来，我还是保密吧，我决定把这个秘密带进坟墓了）。

她是一名大学生。哇……我的客户和我怎么都不敢相信她会是肥佬的情人。肥佬的夫人很美，但是那名女大学生却像是"天上掉下个林妹妹"，不过是脸先着地的，而且是反复着地啊！

肥佬及其律师团、我的客户的客户及其律师团见了个面。肥佬要求侵权者"人头落地"，他想知道究竟是谁搞到了账单。我吓得半死。我的客户碰巧是侦探界里最难对付的混账东西，他对我说："他妈的肥猪！我什么也不会说的。"

所有律师吼来吼去，大声嚷嚷着要起诉谁谁谁，但是我的客户只是一个劲儿地瞪着肥佬看。然后他从夹克里掏出了一张那个丑八怪的照片，把它脸朝下甩到桌面上，扔给了肥佬，后者拿起照片，大吃一惊，恐怕这是这辈子最让他吃惊的事情了。他非常平静地说道："会议结束。"然后，他站了起来，走出门去。我猜如果我的客户去找小报记者的话，肥佬的形象一定会一落千丈。

搞定了肥佬这个案子之后，我再也没有去调取其他任何座机或是手机的通话记录。上文我已经提到，这种事情做多了会给自己惹上大麻烦的，内心深处有一种东西在提醒我，其实我的时间越来越少了。这件事发生在佛罗里达州运河边的直升机事件前不久。毋庸置疑，那是我生命中最抓狂的一段日子。

对我来说，其一，我不想再以内心的平静为代价，再次涉足非法追踪。但这并不意味着，没有人会因为合适的价格而甘愿铤而走险。

看到这里，你或许会变得有点神经质了。我并不想破坏你一天的心情，但以下都是事实：除非你采取了特殊措施来隐藏个人信息，否则那些信息可能永远存在，有朝一日总有人会把它挖出来，并用来对付你。如果真的想销声匿迹，你必须具备追踪者必须具备的那种创造性和胆识。

去你的……库尔特·杜斯特

我有一位朋友，名叫库尔特·杜斯特。他是我身边最伟大的侦探之一。同时，他有一种极其邪恶的幽默感，我也一样。我们喜欢时不时地捉弄一下对方。

当小报接踵而来，请我查找名人们的电话号码时，我想出了一个捉弄他的绝妙点子。

当时还是BP机时代。我刚刚发现了尼克·诺特（Nick Nolte）[1] 的BP机号码，所以我就给他发了一个信息，让他打个电话给我的朋友库尔特。然后我又发了一条。接着又发了一条。之后又连续发了十条左右。每隔十秒左右，他的BP机就快被

---

[1] 尼克·诺特（1941.2.8-）：美国演员、监制、模特，代表作《48小时》《浪潮王子》。

这个讨人烦又无法识别的电话号码逼疯了。最后他实在忍无可忍，火冒三丈地拨通了电话："你他妈到底是谁啊？"他就是这么说的。

"你他妈到底是谁？"库尔特说道。

"你他妈到底是谁，是什么意思？我他妈的是尼克·诺特！你他妈到底是谁？"两个人骂骂咧咧地对吼了好长一段时间。

库尔特后来意识到那是我的恶作剧，就打来了电话狠狠骂了我一顿。我哈哈大笑。然后我又对安娜·妮科尔·史密斯（Anna Nicole Smith）[1]的 BP 机做了同样的手脚。库尔特发誓说：此仇不报非君子。但是我并没有把它放在心上。

之后又过了很长时间。在一个阳光特别明媚的早晨，我独自坐在新泽西的办公室里，这时，电话铃响了。我一拿起电话，差点儿魂都被吓没了。电话另一头传来了一阵低沉的咆哮声："你他妈的刺头，我知道你是谁，我知道你都干了哪些伤天害理的事，不逮住你我是不会善罢干休的。"是谁？我一点概念都没有。

我"啪"地把电话挂了。顿时，我觉得天晕地转。我做的第一件事就是打电话给爱琳以及我们的每一位员工，告诉他们那天千万别来上班，或者永远都不要来上班，我们会换一种行当。然后，我恳请他们务必待在家里，什么地方也别去，要时刻保持警惕，因为我担心他们中有人会受到袭击。

---

[1] 安娜·妮科尔·史密斯（1967.11.28-2007.2.8）：美国演员、模特，《花花公子》封面女郎，代表作《金钱帝国》。

　　接下来就是要毁掉办公室里的一切了。我抓起了几个垃圾袋，把大部分东西都扔了进去，把办公室里所有的电脑都摔得稀巴烂，从前门冲了出去，停止了租赁业务。打死我也不回到那鬼地方了。

　　我终于安然无恙地坐到了车上。一整天时间，我都把车开得很慢很慢，一直就在那个街区绕圈子，寻找着可能的偷袭者。那个家伙到底藏在哪儿呢？他究竟想干什么？我已经吓得六神无主了。

　　那天夜里晚些时候，电话响了。我真不敢接电话啊，还好我看到那是库尔特打来的。他说，早些时候给我打了个小小的电话，感觉如何？

　　"什么？"我说。

　　"你他妈的刺头！"又是那种低沉的咆哮声，和我之前听到的一模一样。然后他开怀大笑。

　　我必须承认，那次恶作剧真是高啊！

HOW
TO
DISAPPEA

如 何 从 这 个 世 界 消

Chapter

—

第 4 章

开始销声匿迹吧

—

好了，我觉得我已经说得很清楚了：如果有人铁了心要找到你，而且有闲有钱的话，那么这个人一定会想尽一切办法，一路穷追猛打，坑蒙拐骗。但是，其实在每一个拐点，你都可以把他引向一条错误的道路。

这时候，你可能十分好奇：我应该怎么做呢？那就开始游戏吧：

时间节点

如果事出紧急，你想立刻消失得无影无踪，那么你可能会想：根据我的指示，多久才能完成目标呢？我的答案是：那得取决于你有多少钱、有多少资产。销声匿迹时，你想带走的东西越多，花的时间就会越久（假设你想走合法的途径，我也希望你这么做）。

如果想在销声匿迹时带走一大笔现金，那么你至少得预留两三个月的时间来准备。如果想随时脚底抹油，也没有黄粱美梦可做，也就是说，你穷得一塌糊涂，那么你一个月之内就能够出门了。

你是否看过理查德·康奈尔（Richard Connell）[1]的短篇小说《最危险的猎物》？一个叫瑞斯福德的人醒来时发现自己被困在了一座小岛之上，和他一起困在岛上的还有一个非常绅士但又非常疯狂的老者——扎洛夫将军。将军喜欢狩猎活人。不久之后，瑞斯福德就在森林里一路狂奔，他成了世界上最狗屎的野生动物园里的最新战利品：

一开始，他满脑子只有一个想法，那就是：和扎洛夫将军保持距离。为了实现这个目的，他一路狂奔，激励着他一路前行的是一种近乎于恐惧的东西。现在，他终于镇静了下来，他停下脚步，然后开始思考自己，思考自己的处境。他明白了，毫无目的地飞奔是徒劳无益的；最终他将不可避免地和

---

[1] 理查德·康奈尔（1893.10.17-1949.11.22）：美国作家、记者。

大海面对面。他在一幅画中，画框全部是水，而他的一切行动显然也必须在这个画框中进行了。

"我要给他留下一些可以跟踪的痕迹。"瑞斯福德喃喃自语道。然后，他偏离了崎岖的小径，投身于毫无路径可言的荒蛮之中。他精心设置了一系列圈套；他一再重复着自己的足迹，他回想起了捕捉狐狸，狐狸最终却成功脱身的民间故事。

我不想在此透露故事的结局，我只是想告诉大家：瑞斯福德处心积虑的谋划最终取得了成效。他知道，要成功地销声匿迹就必须做到：要有一点狡猾，要会一点欺骗；要尽你所能去除一切痕迹；同时，还要设置误导性的线索，让你的追随者偏离方向。

你可以把自己想象成丛林里的猎物：要避开捕猎者，你首先要做到的三件事是什么？你应该学会伪装，你应该把捕猎者引上相反的方向，而且你要找到并建造一个新的、安全的藏身之处。

其实，销声匿迹之关键大体与此相同。这是一个三部曲，我们这一行把它称之为：信息篡改、信息杜撰、信息重组。

信息篡改，名词：指找到所有与你有关的信息，然后要么清除这些信息，要么改头换面，这样追踪者就无法用其对你进行定位的行为。

信息杜撰，名词：杜撰信息的行为；给跟踪者、捕猎者或是私人侦探设置假路径，让其寻找与跟踪。

信息重组，名词：开创新生活，享受私密生活，隐匿住所，不留一丝线索。

信息篡改指自行扮演追踪者的角色。其目标在于寻找与自己有关的一切信息，对其进行篡改或损毁，使其面目全非。如果你是森林里的瑞斯福德，你就应该把自己的身体伪装起来，这样，疯狂的扎洛夫将军就看不到你在森林里奔跑的情景了。你还应该把痕迹去除干净，把足迹全部抹掉，让他找不到你。

信息杜撰是指给追踪者留下一点蛛丝马迹。我特别喜欢这个部分，而且这是一场真正的冒险。它涉及的内容包括在全球范围内设置电话线、开设银行账户，而其开户地点离你真实的地址却相差十万八千里。如果你是一个受害者，你被人跟踪了，那你就要给水电公司、私人邮箱公司和互联网网站提供女性避难所的联系方式，而不是家庭联系方式。这样的话，任何一个有良知的追踪者在找到这些线索时就会对雇用他的人产生怀疑。瑞斯福德花了好几个小时才留下了假线索让扎洛夫将军追随。故事尾声部分，他还设计了几个圈套。你应该以其为榜样。

信息重组是从 A 点前往 B 点的行为，是在你选择的目的地缔造一种全新的生活。或许你会漂洋过海，或许你会背井离乡，或许你会选择在原地过着隐姓埋名的生活。无论做出的是哪一种选择，你想淡出人们的视野、开启全新的生活就需要规划和自律。在销声匿迹时，曾经助你一臂之力的警觉与机灵，千万不能失去。

三部曲的终章众说纷纭：有人说那是离群索居，有人说那是隐姓埋名，有人说那是安全港湾，有人说那是自由人生，但我觉得一言以蔽之，最好的说法莫过于：自由自在。那是一种多么甜蜜的感觉啊！

现在，让我们逐一审视这些步骤吧！

HOW
TO
DISAPPEA

如 何 从 这 个 世 界 消

Chapter

—

第 5 章

信息篡改

—

任何一个希望多一点个人隐私的人都应该学会篡改信息。无论你是想漂洋过海，或者只是想图个安逸，这都是躲开那些铁了心一定要找到你的人的关键。中国古代先哲、《孙子兵法》的作者孙子曾经说过："知己知彼，百战不殆。"信息篡改背后的依据就在于此：知道自身的弱点和追随者的企图，才能防患于未然。

接下来的几章将会告诉你：如何伪装自己以及如何把私人信息从窥视者的视线中移开。如果你自愿做出这种选择，那么信息篡改之使命其实很简单：

辨别并销毁一切外在的、与你有关的信息。

第一步就是找到追踪者可能用来寻找你的行踪的每一条信

息，即"身份"信息。这既包括现在的，也包括过往的信息。然后，你要和信息提供者取得联系，并对他们撒个谎。告诉他们，档案里的信息错了，你想"更正"信息。然后，如果有可能，你得把整个账户删除。这就是所谓的损毁了。

其目的在于扰乱视线、误导，然后把任何一个试图窥视你记录的人都引向其他地方。效果最好时，这种做法会让追踪者裹足难行。效果最不济时，追踪者也得反复找借口，用尽一切搜索手段，才能找到你真正的位置。这种搜索方式既耗时又费钱。如果幸运的话，那么真正掏钱请他追踪的人最后腰包被掏空了，耐心也耗尽了。

大多数私人侦探和追踪者都会遵守法律，但是我知道有些人经常违反法律。他们首先会在显而易见的地方寻找你的踪迹：搜索引擎、互联网数据库、电话公司、水电公司。如果他们能够心安理得地违反法律的话，那么他们连抢银行的胆都有了。或者，他们会请警察朋友帮他们调查犯罪记录以及机动车使用情况。此后，他们会找出当地企业和服务商名录，希望能够发现你名下有一个有效账户。他们会发挥想象力找出你的藏身之处。

你的工作就是发挥想象力去预测他们下一步会怎么做，我会在这里指导你的。

先开始自行检索吧。我通常是这样着手调查的：用笔记本电脑连接不安全的公共无线网络。千万别用自家网络连接。这样一来，哪怕追踪者想方设法黑进了你的笔记本电脑也根本不会想到，他的到来早在你的预料之中。

上 Zabasearch（www.zabasearch.com）[1] 网站去看一看。据说该网站是追踪者的"希望之乡"。这里汇集了许多陈年信息，在你寻找一个人的蛛丝马迹时，这些信息俨然汇集成了一座金矿，因为叶落归根，人人都喜欢回到亲朋好友齐聚的地方。有时 Zabasearch 网站甚至会列出个人未公开的手机号和座机号。由于该网站的信息五花八门、应有尽有，因此许多机构费尽心机，巴不得早日查封它。

在 Zabasearch 网站输入你的姓名，看看会有什么样的搜索结果。首先，在全国范围内搜索；然后，把搜索范围缩小到你所在的州和城市。

大多数人会看到一系列新旧地址。你甚至还可以看到自己

---

[1]　美国知名的寻人网站。

的出生日期，或许是一大串亲戚名单。可怕吧？

现在点击主搜索区域的"社会保险"链接，输入你的社会保险号和姓，页面就会自动跳转至另一个大型搜索网站——Intelius（www.intelius.com）。这是一个提供有偿背景调查服务的公共档案网站。

运气成分

有时，胡乱猜测也能让我误打误撞地找到目标人物，这就是我所说的"运气成分"。比如，有一回有人请我去寻找一个赖账者的下落。此人债台高筑，却销声匿迹了，既没有留下邮件转投地址，也没有新的联系电话。种种迹象似乎表明：他已经人间蒸发。我四下搜寻，但每一次都走进了死胡同。

我只好回过头去找我的客户，希望他能提供进一步的信息。客户所能提供的唯一一个新信息就是：他是 60 年代"肌肉车"[1]发烧友。

我开始给《肌肉车发烧友》杂志社打电话，自称想了解该杂志的订阅方式。套出一系列联系地址之后，我冒充这个人，

---

[1] 美国的大型高性能轿跑车有分"Pony car""Compact muscle""Muscle car"三种，最后者即配备 V8 引擎的大型肌肉车，又称大马力引擎性能车。

给每一家订阅公司一一打了电话。我故作惊讶地说："我"的杂志是不是被转寄到"我"的新地址了？打了 10 个电话之后，我终于误打误撞地找到了：赖账者的新地址在乔治亚州。

只需花费 50 美元左右，你就能获得一份综合报告。把它买下来，当然得用储值卡。如果有人为了找到你不惜一掷千金，你也要舍得花钱。你得找出 Intelius 网站是从哪些地方拿到你的信息的，然后再想方设法删除这些信息。

将你的名字从任何寻人引擎中去除。

除非你是执法人员或政府官员，否则你是不可能命令 Intelius 公司停止发布你的信息的（Intelius 公司只对部分执法人员或政府官员例外，详情请咨询 Intelius 公司）。该公司的信息是从当地的公共档案部门提取的。由于它所做的不过是汇总公共信息，使其便于查找，所以对于撤销申请他们一向直接予以拒绝，除非你持有法庭保护令或法庭指令，可要求封存个人公共档案。

如果有人对你死缠烂打，或者你觉得人身安全受到了威胁，那你应该去申请法庭指令。除此之外，根本无法完全屏蔽个人公共信息。但是，至少你可以增加搜索个人信息的难度。Intelius 公司的"寻人"服务，可将个人姓名地址和与你有关的公共档案绑定在一起。你只要把个人申请和个人驾照传真至（425）974-6194，即可取消"寻人"服务。

具体详见 Intelius 官网 www.intelius.com/privacy-faq.php#5。

Zabasearch 和 Intelius 是追踪者最喜欢的两个网站，但是，它们并不是这个世界上唯一的数据库。因此，你应该扩大互联网搜索范围。以前，你可能纯粹出于好玩，用谷歌搜索过个人信息。我的意思是，谁没这么干过呢？现在，我们要再搜索一次，不过，这一次是刻意为之：

去每一个你能找到的在线数据库和电话簿看一看，找找看上面有多少关于你的信息。

以下是我作为追踪者经常用的搜索工具：

Google Phonebook

Yahoo People Search

WhitePages.com

Superpages.com

Addresses.com

Anywho.com

BirthDatabase.com

把你的名字输入所有这些网站，把凡是公开发布你个人信息的网站都一一用笔和纸写下来。处理好之后，一定要记得把纸条扔进马桶里，冲掉。这样的话，即便有人突破了你的笔记本电脑的防火墙，克隆或提取了硬盘上的信息，你仍可以独善其身。

完成在线电话簿和数据库搜索，了解了个人信息的公开程度之后，你再返回去，看看如何删除这些信息。不幸的是，对于如何将个人姓名从这些网页上移除，我无法给你太多具体的指导，因为这些网站的客服规定和程序时不时都会发生变化。但是，总的原则是你应该查找一下是否有"常见问题"链接，最常见的问题像：如何清除我的个人信息？如果在网页上找不到相关链接，就去找"联系方式"这个链接。有了联系方式，就可发送电子邮件或是直接打电话给公司，寻求帮助。如果问题还没有解决，你就在谷歌中输入"在搜索引擎中清除姓名"，搜索一下，看一看会有什么结果。

其中有一样东西在短时间内是不容易改变的：

把个人姓名从谷歌电话簿中移除。

谷歌是这样解释的："我们的电话和地址列表是由第三方服务商收集的，该服务商汇总了网络上的电话号码簿和其他公共记录。如果您希望我们完全撤下您的电话号码（包括从您的当地电话号码簿中撤下这些信息），请和您所在地的电话公司联系，申请不予列出并不予公布。"

谷歌会引导你在线填写一份表格，严格按照电话簿中的方式输入你的信息。表格一旦提交之后，你的姓名就会从电话簿中永久删除，而且永远无法再次添加。

如果你想把一家企业从谷歌电话簿中移除，你必须使用以公司名抬头的纸打印申请、签字，然后寄到以下地址：

Google Phonebook

Removal 1600 Amphitheatre Parkway

Mountain View, CA 94043

同样，也是永久删除。

如果谷歌或者其他任何网站同意撤下你的信息，事后一定记得打电话确认。仅仅因为客服代表告诉你已经做了更改并不意味着他真的这么做了。很多人因为没有跟踪确认，最后搞砸了。这种事情我见多了！千万别成为他们中的一员。

接下来，我们来尝试一下标准搜索引擎：谷歌、AltaVista、雅虎、Ask.com，等等。搜索条件可以是你的姓名、位置和工作单位以及不同的组合：

John A. Smith

John Smith

JA Smith

John AND Smith

"John Smith"

John Smith Washington D.C.

John Smith ARM Company

再接下来，通过搜索引擎来查找你的电子邮箱地址。如果电子邮箱是 John.Smith@fakeaddress.com，你可以尝试输入以下的电子邮箱地址：

John.Smith

John.Smith AT fakeaddress

(John.Smith) (fakeaddress)

John (DOT) Smith (AT) fakeaddress (DOT) com

为所有这些搜索条件创建一个谷歌提醒。一旦有人在互联网上输入某个具体的搜索条件之后，谷歌就会提醒你。你也可以使用提醒功能来确保在完成了信息篡改之后，没有人会重新添加你的信息。

如果这些搜索有结果的话，就把存储这些信息的具体网址写下来。它们是从哪儿获得这一信息的呢？会不会是你在博客、签到簿或在线简介使用的信息呢？很可能出卖你的恰恰是自己，因为你在社交网络世界里使用了自己的名字。所以，我的下一个建议是显而易见的：

卸载所有的社交媒体。

尽快卸载社交媒体。但是，在你点击"删除我的账户"之前，请确保你把所有的照片都删除了，取消对其他人帮你拍的所有照片的关注，请朋友删除他们手头所有你的照片，或者至少清除所有与你主页相关的链接。你肯定不希望追踪者们找到你的朋友们吧？因为追踪者们会利用你的朋友们来获取信息。

傻子

哪怕是远在阿拉斯加、巴黎、德国、伯利兹的人，我和我的同事们也能手到擒来，原因就在于他们的亲朋好友迫不及待地在脸书上公布了伙伴们美好新生活的照片，而他们本该早已"人间蒸发"了。千万告诫你的朋友们要多一个心眼儿。更好的办法是，你自己别傻傻的，别轻易公布照片。

回到前面一章"追踪者最好的朋友"，扪心自问你的信息是否还在那些网站上？如果是，马上删除！下文我还会讨论如何在迫不得已的情况下继续使用社交网络，同时也能保证自身的安全。但是，现阶段，我觉得你应该切断与社交网络的一切联系。

把名字从搜索引擎、社交网络和其他网络列表中撤下来，撤得越多越好。随后，信息篡改最饶有趣味之处就会绽放出迷人的光芒了。我知道，翻看谷歌列表百无聊赖。所以，我敢肯定，你一听说现在就可以拿起电话，撒谎、撒谎、再撒谎，一定会心花怒放。

我们在前几章就谈到，追踪者哪怕完全不用电脑，也有很多途径可以找到你。追踪者如果想找你，他可以给以下所有公司打电话：

　　电话公司

　　移动公司

　　家居商城

　　电力公司

　　健身房

　　有线电视服务商

　　卫星服务商

　　互联网服务商

　　录像租赁店或在线录像服务商

　　干洗店

　　杂志订阅服务商

　　杂货店、百货商场会员部门

　　汽车租赁公司

　　图书借阅系统

　　常旅客和奖励账户

　　协会和校友会

　　银行

　　信用卡公司

　　你在上述这些地方是否有账户？如果答案是肯定的，你就
应该打几个电话，撒几个小谎，然后，如果做得到的话，删
除你的账户（以后要渐渐习惯于从书架上随手买杂志，从自
动贩卖机上买饮料了）。抱歉，光是打几个电话是无法删除账
户的；撒几个小谎在所难免。将个人信息存档以备未来重新
入会之需，这样的公司数不胜数。一个真正聪明的追踪者是
能够找到这些信息的。在删除这些信息之前，你要做的是打
电话给每一个拥有该信息的公司，先篡改部分信息，在档案
上做一点手脚，以免落入追踪者的手中。

虚荣也是弱点

　　健身馆和古铜日晒中心在收集和存储个人信息方面总是不
遗余力，所以，这两个地方可以说是侵犯个人隐私的罪魁祸
首。我有一位女性朋友很喜欢"仿晒"，她说最近她所在古铜
日晒中心要提取她的指纹，说是防止他人盗用她的账户。她
的指纹啊！国际执法机构和大多数政府都不要求守法公民录
入指纹，古铜日晒中心居然提出这样的要求？这种做法显然
是不对的。

　　现在大多数健身馆都会要求顾客提交照片，这样你在刷卡

时，屏幕上就会自动显示你的照片。和日晒中心一样，它们声称这样做的目的是避免他人盗用你的身份。我想说的是，它们这么做实际上是方便了死缠烂打者：他们很容易就会发现你的行踪。

由于类似地方的照相技术和指纹提取技术越来越普及，所以，我建议你还是别去这些地方了。想健身？买上一双耐克鞋，在人行道上跑一跑就好了。想要古铜色？直接晒日光浴啊。其实，日光浴还是免了吧。拉倒吧，各位，难道你们真的没听说过皮肤癌吗？

假设你的名字是亚瑟·阿伦森，你想消失得无影无踪。你的联系方式如下：

亚瑟·阿伦森

10 Main Street

Hamburg, NJ 05419

和拥有你个人信息的所有居家服务公司取得联系，就说：

亚瑟：您好，我叫亚瑟·阿伦森，我有几个账户方面的问题想咨询您。

客服代表：当然，阿伦森先生。我有什么可以帮您的呢？

亚瑟：我觉得你们可能把我的名字拼错了，正确的拼法是埃—林—森。

客服代表：好的，我们更正一下。

几天后再打一个电话说：

亚瑟：您好！我叫亚瑟·埃林森。我有个账户方面的问题想咨询您。

确认你的名字已经做了更改之后，告诉他们你换工作了。如果你想改变职务，这是可以的，但是不要改变职业。如果职业都更改了，追踪者查到之后，一定会认为其中有诈，就不再顺着这条线往下查了。

漂洗、洗涤，周而复始。只要是拥有你的信息的所有公司，你都可以如此处理。但是，每一次都要对姓名拼写方式略做修改，如改成 Arturo Aaronson、Arthur Erickson、Armond Aaronson。这是必须的，因为如果追踪者发现你和亚瑟·埃林森或埃里克森实际上是同一个人的话，那么他就会知道你一定是用了假名，就会顺着这个名字进行查找。要学会出其不意啊！

你联系的某些公司，如银行和水电公司，它们的档案里可能存有你的社会保险号。提供假社会保险号是违法的，我可不想教唆你犯法。但是，如果有人对你死缠烂打，而且你的生命受到了威胁，为了保命，不得已，你也得选择提供假社会保险号。我的客户们都知道，我很喜欢引用爱默生的一句话："好人不必过于守法。"你也可以选择打电话给那些有你社会保险号的公司说：

亚瑟：您好！我是亚瑟·阿伦森。我有个账户问题想咨询您。

客服代表：我怎样才能帮到您呢？

亚瑟：我觉得贵公司系统中的社会保险号中有个数字是错的。

客服代表：哦，那我更正一下。

小知识

九位数社会保险号是由三个部分组成的。第一组三个数字称为地区代码，代表的是出生地（或社会保险卡发放时间）。第二组共两位数是集团代码，是社会保险管理总署对账户进行

分组管理的方式。最后四位数是序列号；每组成员均可获得
0001—9999 中的一组数字，但不是前后相连的。

为什么违法反而是必要的呢？如上述所言，优秀的追踪者
可以获得他想获得的任何信息，而很多公司都有你的社会保
险号。追踪者在追查你的行踪时，或许他很快就会查出你的
社会保险号，但与此同时，他还得追查你的新号码和新住址。
在美国，水电公司和电话公司的数量毕竟是有限的，如果他
有时间使用下列借口，并给所有这些公司一一打电话的话，
他最终一定会找到你的联系方式的：

追踪者：您好，我叫亚瑟·阿伦森，我的旧户头上可能有
一笔欠费。

客服代表：阿伦森先生，您的地址是？

追踪者：我有严重的酗酒问题，我经常稀里糊涂的。我给
您我的社保号，你帮我查一下，好吗？

客服代表：当然可以，那您的社保号是？

……从那里入手，他很容易就会搞到你的住址。

　　你一旦改变了"基本身份识别码"（业内用语），即姓名、工作和社会保险号，就应该给每家公司再一一打电话，再度要求它们变更你的邮寄地址和电话号码。如果你是一个受害者，有人对你死缠烂打，或是家暴受害者，我建议你把个人联系方式改成当地警察局的联系方式。如此一来，有良知的追踪者一定会知难而退，而且会对其客户产生疑问。

　　如果你不是一个受害者，就没有必要把警察卷进来。你可以使用邻镇的任意一个邮政信箱，然后拨通每一家拥有你个人信息的公司的客服热线，请他们变更你的地址。追踪者得花很长的时间调查邮政信箱的主人，而且往往会走进死胡同。另外，你还得做得逼真一点，这样追踪者才不会觉得其中有诈。如果你住在帕迪尤卡拖车公园，你就不应该选择比弗利山的邮政信箱。

　　提供给这些公司的所有新信息你都要一一写下来。这样的话，未来你要查找自己的账户时才知道从何入手。记得用笔和纸。

　　你需要做的最后一件事是：

　　打电话给所有这些公司，能取消的账户统统都取消。

取消个人移动电话，改用预付费手机。信用卡也要做类似处理——改为储值卡。取消奈飞电影租赁网账户。取消杂志订阅。如此一来，这些服务与你的联系方式之间就不存在活跃的联系了。即便遇到了一个卓越的追踪者，就算他找到了旧账户记录，那些记录也是不正确的。

如果你无法取消账户，比如，用电账户（你并没有离家出走，也不可能生活在黑暗中吧）。你既然给该公司提供了新的联系方式，就得跟踪这些联系方式的使用情况啊。而且你还得习惯于每个月打打电话，问问欠费情况。毕竟，如果你更改了与账户绑定的地址的话，你的账单现在就寄往了荒蛮之地了。我并不是建议你使用在线账单支付方式，因为追踪者很容易就能发现你是使用什么 IP 地址来付费的，而且可以很快定位。通过电话付费易如反掌。只要拨通客服热线，问清楚账单金额，给他们一个储值卡号，或者是寄一张汇款单过去就好了。

是的，所有这一切既复杂，又有些枯燥。但是，我个人认为，为了保护个人隐私，还是麻烦一点为好。如果你赞同我的观点，而且你和大多数美国人一样不够警惕，随手就会把个人信息告诉别人。为了进行信息篡改，要打的电话多了去了！

到了这个阶段，你或许会觉得千头万绪、不堪重负。事实上，你留下个人信息的地方或许很多，或许你根本就记不全了。但是，永远都不要害怕：我可以提升你的记忆力。下一章的主题是如何把所有漏洞都堵上。

这算是身份窃取吗？

不是。刻意在自己的记录中动一些小手脚和用假名创建全新的账户并不相同。你并没有坑任何人，也没有骗任何人。你并没有把其他任何人的信用信息放在网上，也没有在网上诋毁任何人。你还是你，只不过在记录中出现了一点小差错而已。

除非你进入了证人保护计划，或完全是在为美国政府工作，否则我不建议你把自己隐藏在一个假身份之下。联邦调查局很容易就会识破身份窃取，而且其惩罚力度之大，着实不值得冒险。

一
HOW
如　　何
TO
从这个世界
DISAPPEAR
消　失

HOW
TO
DISAPPEA

如 何 从 这 个 世 界 消

Chapter

—

第 6 章

家里的痕迹与线索

—

理性思维是信息篡改能否成功的关键。你必须认真思考信息可能藏匿的每一个地方，列出清单，然后逐一处理。乍看之下，这似乎是一个难以完成的任务，但是，我觉得它也会带给我们一种满足感，那感觉就像是大扫除一样，或者用棒球棒把旧传真机砸个粉碎。

要找出你都在哪些地方留下了蛛丝马迹，最好的办法就是清扫房间、清点个人财产，一次只处理一个房间，找一找你可能把它搁哪儿了。现在，跟着我把房子扫一遍吧。

1〉钱包和口袋

拿出钱包，打开，看看钱包里都藏了哪些卡。每一张信用卡上都藏着个人信息，而且信息量之大令人叹为观止。除了基本的联系方式和交易记录之外，每张卡上可能还有奖励计划。如果你有常旅客里程数、优惠租车服务或连锁酒店积分，那么，可以想象，追踪者一旦找到这些，无疑就是找到了一座金矿，尤其是当你用了常旅客里程数换了机票、飞往了新生活时。

你有百货商店的奖励卡吗？常客卡呢？这些商店是否有你的真实姓名和联系方式？

如果你在城市大街上行走，你的兜里或许还会揣着一个iPod。苹果账户会揭示多少个人信息呢？你是否还有其他在线音乐商店的账户？

2 钥匙圈

这里可能也藏着许多客户忠诚卡。药店掌握了多少你的信息？杂货店呢？健身馆？照相馆，如果你还会去这种地方的话？你是否因为加入了某公司的群发邮件列表，或因为参加了其他促销活动，而获赠了一条免费钥匙链或一个很垃圾的产品？

另外，我们可能要问一问：谁有备用钥匙？你是否曾经把钥匙交给生命中一个重要的人、朋友或保洁阿姨？如果和此人断绝了关系，你是否要回了钥匙？你敢保证他没有再配一把钥匙吗？你在给钥匙时是不是太不小心了？如果是这样的话，你还是赶紧换锁吧。

3）客厅

到客厅去看看。如果你有电视、DVD 机、音响，或其他任何电子设备，那么一定会有保修单。保修单上都填了哪些内容呢？生产商是否有你的现住址和手机号码？如果这些电器是别人送的，那么存档的是送电器给你的人的信息，还是你的信息？无论是何种情形，保修单对于追踪者和私家侦探而言就是一座金矿。我们哪怕找不到你的联系方式，也会找到一个老朋友或家人的号码，我们可以从他们那里套出你的信息。

沙发、双人沙发、长软椅也是如此。这些家具是否有保修单呢？如果有陌生人冒充你，找到了商家，他会从商家那里套出什么信息呢？

所有这些东西是如何付费的呢？是用信用卡还是通过商店

的账户？任何一个聪明的追踪者或者是跟踪者，一旦嗅到了你的气息，一定会拿到征信报告，并找到当初你购物时的家具店、地毯店或是百思买分店。接着追踪者就会与商店联系，谎称他就是你，说单人沙发或者你买的任何一样东西的保修单找不着了。不出五分钟，他就会在一张纸条上写下你的地址和电话号码。

如果你觉得我是在耸人听闻、故弄玄虚，如果你认为没有人会这么费尽周折和你死磕，那你就得三思了。我曾经就用保修单和签账卡在全球范围内找人啊！

4）卫生间

哪怕你从来没有在卫生间里摔过跤，但卫生间一样是一个危险的地方。个人药箱里充斥着私人信息。药品标签说明了你的健康状况，还列出了给你看病的医生和药房的名称。药房有你医疗保险公司的记录，而医疗保险公司还贴心地把你所有的开药情况都一一记录在案。

假设你是一个政治家或公众人物，肯定不想让任何人知道你在使用百忧解（Prozac）、赞诺安（Xanax）[1]，还有人人讳言的伟哥吧？但是，想加害你的人是会想方设法查出真相的。你不妨去问一问 90 年代初请我去调查前州长比尔·克林顿的那位共和党特工吧。他曾请我调查克林顿在阿肯色州是否住过精神病院（他没住过）。

5）车库

车库是追踪者的天堂。我们从割草机、除草机、草坪修剪器和电子绿篱修剪器，一直到早已被人遗忘的、藏在盒子里的垃圾中，很容易就能找到你的下落。这些工具上一般都有序列号，而且序列号是粘在保修单和购物单上的。保修单又附在购物单之后，上面一般有你的姓名、地址、电话号码，以及你所提供的一切信息。上面满满当当的都是信息。

保不准真有人会利用这些东西来破解你的身份，除非你把每样东西上的序列号都一一移除了。在车库拍卖会上处理掉或卖掉这些物品时，尤其要记得把序列号去掉。

---

[1] 百忧解：抗抑郁症药品；赞诺安：镇静剂。

人们一般将车库视为边缘地带。对于不知道应该如何处理的东西，你都可以装进盒子里，暂时搁在车库里：旧报纸、大学课本、银行对账单、情书、泳池玩具等。问题是人们最后决定要扔掉这些盒子的时候，他们最多只会很快地扫上一眼，而不会仔细检查里面究竟有什么东西。你确实应该花一点时间检查一下盒子。

和医生之间的交易

不幸的是，药品是我们所有人生活中至关重要的一个部分，而且我们所有人都必须参加医保。但是，尽管人人关注自身的隐私，但是医生的办公室却让人感觉无比沮丧。我们第一次去看医生时，他们通常会给你一份隐私保护声明表，信誓旦旦地告诉你，这是法律要求，他们一定会保护好你的隐私。但是，你一看完这份隐私保护声明表，他们就会要求你提交一份驾照复印件，还要记下你的社会保险号。

医生有必要知道这些吗？我知道，其目的在于确保能够成功收回医疗费用，但是如果患者用医保卡付费，一张卡不就够了吗？医生们大可去骚扰保险公司啊，然后保险公司自然就会来骚扰你了。

如果你不想在一张表格上透露任何个人信息的话，你大可直接留空。除非你享有公共医疗保险或医疗补助[1]，否则法律并没有规定你一定要把社会保险号给医生。对于药房也是如此。

有一个客户就犯了一个大错误。他和妻子把一些不雅视频装进垃圾袋，扔到了街角。最后，视频是让垃圾车收走并销毁了？还是被某个心怀不轨的人上传到网上了呢？问题是，他们现在不知道这些视频是深深地埋藏在垃圾场里，或者是被作为免费视频放到了色情网站上去了。

6 卧室

人人都知道不雅视频，所以卧室必须具有私密性。

---

[1] http://www.time.com/time/business/article/0,8599,1690827,00.html。——作者注

7）厨房

厨房里大概会有很多保修单之类的东西：冰箱、微波炉、炉灶保修单等。甚至电器中烹饪的食物也会成为指向你的线索。食物是从哪儿买的？你是否参加过聚划算、团购之类的活动？几乎所有商店都有"认同卡"，只要扫一扫，就可以享受当周特惠价格。这些商店把你的地址和电话都存档了，有些甚至还会有你的支票账户信息。当然，他们都知道你买了什么，在哪儿买的，什么时候买的。你为什么要把真实的信息提供给这些人呢？

你是吃货吗？你是否订阅过美食杂志？是否在特色美食公司邮购过美食？聪明的追踪者会利用这些信息找到你的下落。有一回，我在中西部寻找一个人的下落。尽管我费了九牛二虎之力，翻遍了几乎所有地方，但都一无所获。我回过头去找那个请我找这个男人的女人，希望她能多提供一点信息。她只记得还有一件事：他很喜欢吃龙虾。

于是我决定从运输龙虾的公司入手。我给一连串海鲜运输公司打了电话，最后终于在一家公司找到了他的名字。在确认账户时，该公司把他的名字和他的旧地址绑定了。难以想象吧？就因为酷爱龙虾而暴露了自己的行踪。但事实就这么简单。

8 书房

电脑及家中存放电脑的地方最容易成为突破口。你的 IP 地址以及硬盘上的信息会告诉侵入者或黑客他找到你或盗用你的身份所需要的一切信息。如果追踪者或跟踪者能拿到你的电脑，或者你通过家中未受保护的无线网络传输信息，他马上就会知道你的下落，你要去什么地方，你到了之后计划做什么（但是，公共场合的不安全无线网络连接则难以追踪。因为在任何一个时间点，都有数十个人同时在使用这一网络，因此要确定某个特定的使用者是极其困难的，除非你知道他的 IP 地址）。

哪怕你离家出走之前，用卡车辗过了你的硬盘，电脑硬盘仍然会让铁了心想找到你的人获得他所需要的一切信息。打印机、扫描仪就更糟糕了。我听说，我们在打印时，都会有一个识别号，这个识别号会告诉人们，这张纸是从哪一台打印机上打出来的。制造商们对此并未广为宣传，但是大企业就是个大哥大，这就是一个活生生的例子。我敢肯定，过不了多久，打印机和扫描仪就可以偷偷留下打印件和扫描件的所有副本了，而且会一直保留着这一信息，直到被我这样的人找到。

大多数人会把账单和文件放在书房的电脑旁。你用碎纸机粉碎了这些账单和文件之后，千万别把纸张碎片直接扔进垃圾箱里。真正铁了心要找到你的人有可能把这些碎片重新拼凑在一起。应该把它们冲进下水道里。但是，现如今水电公司崇尚客户友好，安全级别又低，生活在这样一个时代里，这样做很可能也是枉费心机。

匿名软件？不推荐

过去，我建议客户购买匿名软件，以确保其在使用家庭电脑上网时保持匿名。但是，后来我意识到，其实我对于这一软件是否真有效果毫无头绪，所以我就不再推荐客户们购买这种软件了。保护网络行为最安全的途径莫过于：永远不要在家庭电脑上做敏感的或违法的事。

结语

如果你在收拾房子的时候，把容易受到攻击的地方一一写了下来，再打电话给每一个制造商和服务商，一一篡改了个人信息。祝贺你！一切基本就绪了，你可以朝下一步进发了。

但是，在进入下一步之前，我十分建议你请一名私家侦探来寻找你的下落，检验一下迄今为止所完成的工作的质量。这样才能做到查漏补缺。不要用信用卡支付私家侦探费，用现金支付或汇款。而且要选一个离你很远很远的私家侦探，离你所在的州十万八千里那种。你根本不知道在离你家很近的地方，究竟有谁正在调查你呢？

把你的名字给私家侦探，再附上一些基本的可识别信息，如旧地址、电话号码等，看一看他能挖出多少关于你的信息。我和合伙人爱琳以前就是通过这种互相检查来判断工作成效的。

如果他真的有所发现，你得看一下这一信息是否会指向你的现住址。补上漏洞，然后一切就绪，开始进入第二阶段的游戏：信息杜撰。

真的有必要这么做吗？

如果你纯粹是出于消遣阅读本书的，我知道你心里想的是：我又不打算跑路，搞得这么复杂干吗？你该付账付账，又没人跟踪，这不是杞人忧天吗？

没错，或许你完全没必要担忧。但是，每年都有很多无辜守法公民的身份被窃取了。记住我说过的话：无论你是谁，个人信息都是高价值商品。每天都有很多公司、个人在买卖个人信息。对自己的弱点了解得越多，越有益。

一

HOW

如何

TO

从这个世界

DISAPPEAR

消失

HOW
TO
DISAPPEA

如 何 从 这 个 世 界 消

—

第 7 章

信息杜撰

—

在销声匿迹的过程中，我最喜欢的部分莫过于信息杜撰，因为它可以让我将作为追踪者的聪明才智发挥到极致。

在销声匿迹的第一步也就是信息篡改，你已经梳理了所有外在信息并掩人耳目。现在，你要设置一系列虚假的线索，去误导追踪你的人，使寻找你的过程更加困难重重。此时，你心中应该有两大目标：

扰乱追踪者的视线，让他在错误的地方瞎忙活，尽可能把个人档案变得极其复杂、极难获得，而且在解开谜底的过程中要让追踪者屡屡受挫。

当我还是一名追踪者时，我和伙伴们都祈祷着只要获得足以找到目标人物的信息就好——不多也不少，刚刚好。信息过少，追踪的热情终将冷却；信息过多，则真假难辨。

人们在打点行装、销声匿迹之时，一个常见且生死攸关的错误是他们压根儿没考虑过让追踪者忙碌起来。如果只留下了一条线索，哪怕费尽心机、极力掩饰，你却让追踪者有机可乘，可以彻底调查这一线索。不要便宜了他。追踪者将是你见过的最富有行动力和想象力的人，我对自己也是这样评价的。如果线索正确，他们一定会找到你。

所以，杜撰信息是至关重要的。我们不妨这么想：我们是出于自卫撒了个小谎。撒谎要撒圆，骗人要骗到家，三个要素必不可缺：鱼钩、鱼线和鱼饵。

1 鱼钩

"鱼钩"是你故意布下的一条线索，其目的在于让猎手发现。它不仅要逼真，而且能让追踪者在发现时兴奋不已。或许，你可以表现出有意申请房贷、租房或办信用卡，以此误导某人对你的征信状况进行调查。再或者，你明知追踪者会监听你的电话，就故意用那个电话机打打电话。

对于被死缠烂打或饱受家庭暴力的受害者而言，鱼钩是一种绝佳的工具。以前我有一个客户叫薇拉，她的丈夫也就是她的孩子的父亲，经常毒打并扬言要杀了她。他在一个有灰色栅栏的"汽车旅馆"中待了三年，哪怕是坐牢期间，他仍不忘写匿名信给她，对她进行各种恐吓。随着刑满释放之日的临近，他甚至明目张胆地说，回来一定要给她一点颜色瞧瞧！

薇拉拥有孩子的全面监护权，她是不会听之任之、任其发展的。她希望离开这个是非之地，于是和我取得了联系。在对其相关记录进行了篡改之后，我们制订了一个逼真且周密的信息杜撰计划。这会让她那个有过前科的前夫好好忙活上一阵子，而且会越忙越糊涂，和她"渐行渐远"。

薇拉和我做的第一件事就是送她到中西部的一个小镇上去，然后找到了一个出租屋。不出所料，该小区提出了征信状况调查申请，要对其进行征信调查。我们猜想她那位刚刚从号子里放出来的前夫也会找人对其进行征信调查，我们知道他或者某位私家侦探会注意到俄克拉何马州巴克的"真诚房产"公司也提出了征信调查请求。而这个请求正是我们的鱼钩。

2 鱼线

薇拉和我都知道，刚从号子里放出来的那个人看到了相关申请之后，一定会马上跳上一辆巴士，穿越大半个国家，直扑巴克。于是，我们布下了一根鱼线：在同一个地方留下了一大堆线索。在我们的指点之下，薇拉在看过那套公寓之后，开始申请开通水、电和电话服务。不过，未来她不会搬进去住，也不会去激活那些服务。

我们估计刚从号子里放出来的那个人会请追踪者或私家侦探来帮助他找到公寓的门牌。如果追踪者是一位专业人士而且发现了薇拉的行踪，他就会发现薇拉曾用自己的新地址申请了电话服务，但订单并未最终完成。当然，还有一种可能是：订单完成了，但搬进公寓的是一个新租户。追踪者很可能因此十分疑惑：薇拉到底是不是租了公寓？她是不是与人合租？如果他要亲自去那里调查一番，那么坐过号子的那个人就得多花钱和时间了。

薇拉申请开通电话服务的那家公司要求薇拉提供就业信息和联系电话。我们找了当地一家大型企业，并将其作为她的新工作地点。然后，我们又将该公司的联系方式作为其联系方式，但是公司地点不同，是在另一座城市。我们希望其前

任以及他请来的那些帮凶会认为她已经换了地方，然后，新
一轮的死胡同式搜索又要开始了。

囚徒团队会像无头苍蝇一样，在俄克拉何马州四处打电
话、四处查找，但他们永远都找不到薇拉。他们一旦找不到薇
拉的水、电账户，可能会尝试找到电话公司、有线电视公司，
甚至当地杂货店。每查找一条线索都是很花钱的，调查费即便
说不上成千上万，至少也得是成百上千地打水漂。而且每一条
线索都得花时间。

3 鱼饵

在薇拉真正跑路，向着未曾透露过的新目的地进发之前，
我们随便找了一家银行，开了一个小额支票账户。她用自己的
旧号码和她母亲家的号码给这家银行打了电话。为了把戏做足，
她还打电话给了好几家银行。然后，她申请了一张借记卡，我
把这张借记卡交给了我的一个同事。这位同事老是满世界跑。
很快，"薇拉"就开始在圣路易斯、蒙特利尔、西雅图（只要你
说得出来的地方，他都去过）等地消费了。

那就是我们的鱼饵：看似有线索，其实是千头万绪，私家

侦探得花上几年时间才会理得清头绪。如果囚徒团队有办法拿到上述两个电话的通话记录的话，他们就会发现银行的电话号码并知道薇拉的钱都往哪儿走了。或许，私家侦探就会假冒薇拉，开始给银行打电话，进而在违法的道路上渐行渐远。或许，私家侦探——打过电话之后，终于发现了一个活跃账户，她心想：终于大功告成了。但事实是，我们把她完全套牢了。

然后，她拿到了取款记录，看到了如下信息：

密苏里州圣路易斯 ATM 机 20.00 美元

伊利诺伊州芝加哥 ATM 机 30.00 美元

内华达州拉斯维加斯 ATM 机 10.00 美元

安大略省多伦多 ATM 机 20.00 美元

魁北克省蒙特利尔 ATM 机 40.00 美元

华盛顿州西雅图 ATM 机 10.00 美元

她也许会想：天哪，这个女人一直在跑路啊。私家侦探甚至可能在这些城市做了初步的调查，既浪费了时间又浪费了钱。哪怕刚从号子里出来的那个人真的有花不完的钱，私家侦探此时也可能沮丧万分，甚至放手了。

如果你的生命受到了威胁，销声匿迹便毫无乐趣可言了，但是，一旦这种计划起到了预期的效果，我们难免还是会有一种满足感的。时至今日，薇拉仍然是安全的。你知道这意味着什么吗？我们教训了那个前科犯一通，真是大快人心！让他滚犊子吧！

在准备销声匿迹时，无论你承受着多大的压力，在你看到跟踪者晕头转向之际，我还是希望你能退后一步，好好欣赏一下自己的创造性杰作。事实是：信息杜撰其乐无穷。如果你不相信我所说的话，我可以给你讲一讲我的另一个客户——路易——的故事。那可是我这辈子的经典之作啊！

4）路易

路易第一次来找我的时候，让我想起了那个胖嘟嘟的、满口粗话的乔治·佩伯德（George Peppard）——你知道吧？就是20世纪80年代《天龙特工队》中的那个家伙（不好意思，经典电视剧，我就好这一口）。他来自布鲁克林。他叼着一根一英寸长的古巴雪茄到了我的办公室。他告诉我，他靠经营热狗摊点和午餐车赚了个盆满钵满。现在他贪得无厌的儿子开始觊觎他的财产了。他的儿子是名律师：唯利是图，吃了西家吃东家。他想仗着律师的威风压过他的父亲，从父亲靠着热狗摊点赚到的血汗钱里狠狠分得一杯羹。

路易可不想听之任之。他早年丧妻，但是，还远远谈不上年迈体弱或者生活无法自理。他希望避开虎视眈眈的儿子。他也知道最好的办法就是人间蒸发，去加勒比海岸，去享受财富，在阳光明媚的蓝色海边享受冰镇的墨西哥科罗娜啤酒。

我的第一步就是在迈阿密找了一个三陪女并告诉她，有一个客户想包养她，包吃包住，承担一切生活开支。三陪女喜出望外。我找了一幢有门卫的公寓楼，让路易以自己的名义把那地方租下来，并安装了有线电视、水电和电话。此后不久，三陪女就搬进来，安顿了下来。

几周之后，路易在加勒比沙滩上享受着阳光，然后，我们就开始杜撰信息了。我让人把一份迈阿密重新置业文件寄到了路易的原住址；而且刻意不进行转寄。我们知道他儿子一定会抢先拿到包裹。然后，他一定会从迈阿密入手进行调查。

我们猜想路易的儿子会请一个私人侦探。我知道，我的同行们要做的第一件事就是和水电公司联系，了解相关服务。不久之后，他就会找到路易的地址和电话号码。他的借口很简单："您好！这是路易·霍德格，我在贵公司可能有欠费，您帮我查一下好吗？"

私家侦探会把相关联系方式转给路易的儿子。他一旦拨通电话，就会听到路易用粗哑的声音说："请留言。"最后，他儿子一定会因为父亲久久没有回电而与当地的私家侦探联系，请私家侦探到他父亲的公寓走一趟。

猜猜看，接下来会发生什么呢？我们的预言都一一实现了，伟大的时刻即将来临。他儿子请了一个私家侦探，他在楼前安了监控。但是，自始至终，他都没有看到路易出现过。最后，他终于鼓起勇气，朝门卫走了过去，拿着路易的照片在他面前晃了一下，但是，门卫告诉他，他从来没见过有这么一个人在这里出现过。他一口咬定，路易根本就不住这幢楼里。

路易和我认为，私家侦探一定会偷偷塞给门卫一些钱，然后就会得知住在路易的公寓里的其实是一个三陪女。私家侦探会去找三陪女对质，三陪女心地善良，一定会告诉他，路易是一位出手阔绰的客户，他包养了她。她也会承认说自己和路易从未谋面；接着，她就把路易的电话告诉了私家侦探。

那是佛罗里达州中部的一个电话号码。他儿子在拨通电话之后，电话铃响了又响——然后他听到了自己的声音。原来那是他自家的语音信箱。我们请电话公司在一个村舍里布了工程电话线，然后用一种远程呼叫转移服务对其儿子家的电话进行了编程。任何一个拨打"路易"电话号码的人都会直接拨到他儿子在长岛的家中去。

鱼钩、鱼线，还有作用巨大的鱼饵。他的儿子大为光火。于是他放弃了追踪。

是的——信息杜撰肯定会令人心满意足。但是，你从这个故事中还会汲取另一些经验或教训。你和路易的处境可能完全不同，但是，如果想和他一样成功地销声匿迹，那么就要遵守其中的一些原则：

不要怕花钱。想想哪个更重要：钱还是隐私？

路易为了分散儿子的注意力，愿意一掷千金，制订周密的计划。或许，你并没有这样的财力可以租一套公寓、请个三陪女住在那里，但是，你可以量力而行。开立一个小额支票账户，把一张可以直接取现的银行卡交给一个四海为家的朋友。随便飞到一座城市，看看房子，找找房产中介，然后请他们对你的征信情况进行调查。到了另一座城市之后，打几个长途电话给银行和雇主。

要有创造性。

路易的计划中有很多亮点，你的计划也应当如此。或许，你已经决定要在乔治亚州的亚特兰大布下迷魂阵。多花一点时间，认真思考一下，优秀的追踪者会怎么做。然后，你也照着这么做。你不妨把它视为表演艺术吧！

比如，和名人一样给"私家万花筒"[1]爆料，让他们去你看过的公寓走一遭（那里的租户一定会抓狂的）。假装水果粉，去迪基农场订一大箱桃子，以你个人的名义随便寄到一家公司。参观一下 CNN 工作室，把照片寄回原家庭住址。去可口可乐公司旗下的工厂走一趟，在来宾签到簿上留下你的大名。越是费劲儿才能获得的一星半点的信息，追踪者越会觉得珍贵，因此也越容易信以为真。一旦找到了你的蛛丝马迹，他一定会认为自己是这个世界上最聪明的人。

呼叫转移服务是你最好的朋友。

没有什么比一大堆迷宫似的电话号码，能更快编织出一张层层叠叠的谎言之网。如果追踪者能成功走出电话迷宫，他一定会大喊一声："让我他妈的静一静。"路易的"联系电话"拨

---

[1] 私家万花筒：原名 In Touch Weekly，美国八卦杂志及同名网站。

通之后最终变成了他儿子的语音信箱。这无疑是向他儿子和私家侦探发出了一个清晰的信号：我们占了上风。其他人可能会选择把假电话转接到一个破败的妇女避救中心或是警察局。那会让那些以自保为上的犯罪分子悬崖勒马，放弃对你的追踪。

　　呼叫转移是一种理想的工具，迷魂阵布下之后，销声匿迹的方案即将付诸实践之际，还有其他很多工具可以助你一臂之力，让你消失得无影无踪。所以，在我们进入到销声匿迹的第三阶段——信息重组——之前，我想先用完美逃脱的所有武器将你武装到牙齿。

一
HOW
如　　何
TO
从这个世界
DISAPPEAR
消　失

HOW TO DISAPPEAR

如何从这个世界消

Chapter

——

第 8 章

信息重组百宝箱

——

恭喜！你马上就要为人间蒸发的那一刻做好准备了，功夫
不负有心人！你已经掩盖了自己的踪迹，也让追踪者陷入了无
头苍蝇乱撞的境地，是时候装备你需要的一切，开始打造新生
活了。使用得当的话，这些简单的工具将帮你成功实现信息重
组：在自己选择的地方开始全新的、安全无虞的生活。

要实现这一目标，以下工具缺一不可。

① 储值卡

今天就去附近的便利店或沃尔玛挑选一些储值卡。它们是
你最好的新朋友。请用储值卡、礼品卡或现金购买任何东西。
如果你真的想人间蒸发，请立即停止使用信用卡。因为要提取

信用卡使用记录实在太容易了。

如果你是已婚人士，想离婚，又不想另一半知道你正在为这个大行动存钱，请用现金从就近的商店购买储值卡和礼品卡。售卖礼品卡的地方很多，礼品卡最大的优点就是完全不会有使用记录。请把你所有的储值卡存放进你的主邮箱（详情请阅读下文"如何使用邮件转投邮箱"）。

② 预付费手机和电话卡

和你的旧手机说再见吧！因为，如上所述，它是你最大的致命弱点之一。但是，也不能把它一扔了之，还得狠狠踩上几脚，踩成碎片，越多越好。然后把它们分别扔进数个不同的公共垃圾桶里。

由于随便找个借口就能突破电话公司，所以，学着用预付费手机来通话就显得至关重要了。随便去哪家无线网络商店都可以买到预付费电话。如果你要打很多通电话，那就需要频繁更换手机。非常频繁。

在这点上，千万不能偷懒，千万不能吝啬！注册手机时，尽可能不要泄露个人信息。买预付费手机时，如果需要注册，请故作"漫不经心"地写错名字，通信地址也尽可能写得潦草一点。付款时用储值卡或现金。如果储值卡里的钱花光了，也不要线上充值，去就近的便利店，再一次，用现金。

预付费手机是一种与外界沟通的方式，但不是万无一失。可以这么认为，它比普通手机和座机要安全一点，但并不是百分之百安全。关于预付费手机，假若你提供给电话公司的是一个不那么准确的姓名（你已经完成了，不是吗？！），那么它就是唯一无法追踪到的部分。其余的一切都是可以追踪的，比如你拨出的电话以及你拨出电话的大致区域。

我的搭档爱琳接过一个谋杀案，此案中的被告声称在远离案发现场的区域里使用过预付费手机。该案的一位辩护律师传唤了电话公司，要求提供手机通话记录，供爱琳审核。令人吃惊的是，这份来自手机信号塔的记录清楚地显示了这位客户以何种速度及朝哪个方向移动。这些信息不是来自 GPS 接收器，而是来自手机信号塔。所以，消除你手机里的 GPS 装置也无济于事。

不要着急，也不要害怕，我可以向你保证，基于这种手机信号塔的预付费手机是非常难追踪的。所以，我怀疑客户服务代表也未必能获得这些信息。要不是证物传唤，我觉得私人侦探也未必能获得这一信息。但是，我相信只要价钱合理，要什么信息都不在话下，所以还是小心为妙。

③ 用预付费手机和电话卡和亲人通话

假设消失后，你只想和自己的母亲和姐妹保持联系，而你也许有一个疯狂的前任，钱堆积如山，交游广泛，与世界各地的追踪者和私家侦探过从甚密，而且铁了心要对你穷追不舍。那你打电话的时候就要小心谨慎了，别让该死的前任找到你之后，将你碎尸万段。

买一部预付费手机并把号码记录下来。我们姑且叫它好运手机吧。用现金给该手机充值几千分钟时长的话费。让你母亲也买一部预付费手机。如此一来，你就不必打她家里的号码或是她已绑定的手机号码。为了找到你，追踪者肯定会窃听预付费手机之间的通话，而且拥有国土安全局那样的设备。

一定记得要一份好运手机使用者指南。把车开到很远的地方，认真阅读使用者指南，了解如何设置呼叫转移功能，然后将手机呼叫转移至你母亲的号码。

然后：打碎它！取出电池，踩碎它，然后扔了。再去另一家无线商店，再买一部不同的好运手机，重复先前的操作，最后把呼叫转移设置成你的姐妹。

现在你需要从第三家无线商店购买第三部手机和一张预付费电话卡，最好也要到离家很远的地方买。买好一部新的预付费手机和电话卡后，用这拨打你母亲或姐妹的预付费手机，总之你想找谁就打给谁。对方接通后，你们就可以开始通话了。

新手机通完电话后，删除通话记录，这在大多数手机的"选项"菜单中就能完成，很简单。然后把手机扔在街上，把电话卡扔在另一个靠近投币式电话的地方。

友情提醒

通话记录中删除的通话，只是从这部手机里删除了，电话公司仍有记录，追踪者仍然有可能找到这些记录。这就是为什么你要勤换手机的原因。这非常重要！

最终，总有人会捡到那部新手机和电话卡并使用它们。如果打给你母亲的那通电话被追踪到了，那第一个追踪到的是那个预付费电话卡的免费回拨电话，然后是好运手机。通过

它，追踪者将会定位来电，进而定位到新手机的位置，而这部新手机的主人现在正在大街上闲庭漫步呢。干得漂亮，视线完美转移。

无论谁定位到了你的好运手机的号码，他都可能取消呼叫转移功能。但是没关系，重新再设置一次就好。

做完这一切就意味着你的通话完全安全了吗？不。但是，你已经为你的通话创设了层层堡垒。最有可能的是，追踪者或对你死缠烂打的人根本就没能力找到你了。每次你从不同运营商那里买一部新手机，找到你蛛丝马迹的成本就会更高，耗时也漫长。

你们当中有些人可能会想："换作执法者呢？"执法者当然可以洞察这一切。他们不仅有相应的技术，而且还有传票。所以，违法乱纪纯属痴心妄想。

傻瓜案例

最近我读了一本杂志，其中有一篇关于一个叫马修·艾伦·谢泼德的人的故事。他假装在一条河里溺水死了，然后逃窜到墨西哥。他用的就是在这里谈到的策略：他把黑莓手机扔在了加油站，怀疑他还活着的人查看了他的手机记录，通过这些记录，他们找到的是街上的一个流浪汉。如果这是一部注册在你自己名下的手机，那么这个方法是无法奏效的。

这个流浪汉确实捡到了马修的手机，用了几次之后就扔了。出于直觉，一个侦探查阅了谢泼德的手机记录。他发现，在谢泼德溺水之后该手机还有短信发出，他立马断定那条短信就是谢泼德本人发的。追捕开始。

谢泼德锒铛入狱。

---

4 虚拟电话号码

如果和预付费手机有关的一切让你觉得麻烦而且不值得，你可以买一个不含实际位置的虚拟电话号码。在 JConnect 网站（www.JConnect.com）就可以买到这样的虚拟号码。你可以用这些虚拟号码收集发送至你选择的电子邮件的语音邮件。你也可以在 JConnect 网站或 Efax（www.efax.com）上接收传真。

这些号码极其好用。你可以线上组建，非常迅速，也不是太贵。现在，一根电话线在 JConnect 网站售价每月 19.95 美元，而且你还可以购买世界各地的号码。想让别人相信你在巴黎吗？没问题，只要买一个归属地为巴黎的电话号码，并且通过信息杜撰的方式泄露给追踪者就可以了。需要一种既方便家人给你打电话，又不至于担心你的安全和高昂的长途电话费的安全方式吗？那就买一个区号为附近地区的号码，这样就不会收取长途话费了。总之，可能无限。

5） 邮件投递点

如果不想有人知道你的住址和去向，你就需要一个匿名投递点来接收邮件。事实上，你需要的投递点远不止一个。正如那些预付费手机一样，最好的方法是，创建一个含有多个投递点的复杂系统。这样一来，盯上你的追踪者哪怕获得了你的邮件记录，也解不开其中的谜团。

去联合包裹服务商店（UPS Store）或者其他私人邮箱商店购买一个邮箱。你需要出示身份证，没事的，这只是你购买的众多邮箱中的第一个，最终追踪者要找到你还是很难的。我们将把这第一个邮箱称作你的主邮箱。

开设主邮箱时，请预先用储值卡支付。最好先付一年的费用。你可以和邮箱所有人解释说，你到处旅行，旅行期间你希望把邮件转寄到不同的地点，而且告诉他你愿意在这个邮箱账户上预留多少钱供日后邮件转寄之用。尽量多留一点钱。

建议：不要使用邮政信箱

不要开设邮政信箱。美国邮政总局是一个非常容易获取信息的地方。大多数现在或曾经有邮政信箱的人都居住在该邮编区域内。所以，如果正在追查你的下落的追踪者碰巧找到了你的邮政信箱，那他就可以去任何一家在线搜索公司，把你的名字和这个城市匹配在一起，很可能你在该地的地址历史记录都会随之出现。一个优秀的追踪者会从那里开始查找你的姓名或身份识别号，利用电话公司、水电公司或有线电视公司来锁定活跃账户或已注销账户。

在我 20 年的职业生涯中，几乎所有试图藏在邮政信箱背后的赖账者都被我找到了。但是，在那些年里，哪怕冒充他人，我也从未能撬开一个私人邮箱公司的嘴。

如果你打算远走他乡，甚至漂洋过海，你可以用这个主邮箱存放文件、预付费手机、储值卡、新租契，以及新账户的银行

对账单。在消失期间，在每次购买想要的东西时，请把它们邮寄至你的主邮箱。当你要邮寄自己的东西时，请使用世界各地的假回信地址。使用这些假地址时，不要担心邮戳会暴露你的真实地址，因为没有人会在意这个。只需确保邮资足够就好！

现在，到网吧去，上网再搜索一个邮件转投邮箱。用你特意为此设立的电子邮箱获取。每购买一个邮件转投邮箱你都应专门为此设立电子邮箱。我们称这个新邮箱为你的一次性邮箱。

找到一个合适的一次性邮箱后，请再购买一张储值卡，卡上的钱要足以维持这个一次性邮箱接下来几个月的租金。（具体多少取决于你远走他乡之前需要接收多少邮件）。请分别用不同的储值卡购买每一个不同的邮件转投邮箱。如果购买了"一次性邮箱"后，储值卡上还有盈余，我建议你找一家超市、一辆公交车或是一家商店，随手扔了。让捡到这张卡的陌生人在别的地方使用，这就制造了一条假线索。我还得提醒你，要记得擦掉卡上的指纹，但前提是你并没有做犯法的事。

在申请一次性邮箱填写相关信息时，你可能需要留一个电话号码。如果可以的话，请留一个 JConnect 号码或其他虚拟号码。如果需要电子邮箱地址，请留下那个专门为这个一次性邮箱申请的电子邮箱地址。

妥善保存重要物品

● 上网（不要使用家庭网络）。在网上留言板、免费分类广告网站，或者已经通过免费匿名博客服务注册的博客上，公布你的位置信息。发布或创建一个用电子邮箱地址注册的博客，这个电子邮箱是你先前为创建博客已经申请好的。

● 用自己知道的方式发布个人消息，但细节上需要稍稍掩饰。比如，你有一个邮件转投邮箱，地址是佛罗里达州奥兰多费克街642号，你可以在免费分类广告网站上发布这样一条信息："女鞋，6码，配裙，42欧码，费克设计，奥兰多发货。"

● 请使用多个网站和多个电子邮箱地址来存放你的信息。安全至上！但是，互联网广袤无垠，隐藏消息，不让其暴露在众目睽睽之下并不难。

● 记住：时刻把信息发布的位置记在笔记本上，而且，每时每刻都要把这个笔记本带在身上。

填写一次性邮箱申请时，把主邮箱地址给他们。字迹不要过于清晰，还可以写一两个错字。例如，把 1 写得像 7，4

写得像 9，这样如果追踪者沿着你的踪迹偶然获得了这份申请也会一头雾水。

请记录好与这个邮箱和其他所有邮箱的一切信息，但是不要把这些信息存储在电脑硬盘上。

现在，你可以再去两个不同的地方申请两个不同的邮箱了。这两个邮箱要隔得尽可能远。这么说吧，你能开多远就开多远。我们姑且称其为安全邮箱和伪装邮箱。现在你有了四个邮箱：主邮箱、一次性邮箱、安全邮箱和伪装邮箱。我们为什么需要四个邮箱呢？请听下节分解。

6　如何使用邮件转投邮箱

在收拾行囊，准备远走高飞之际，你要获得的信息可谓千头万绪：包括合同、旅游指南、表格，以及创建匿名公司所需的文件资料（这一点下章详述）。你所收到的信息将归为两类：一类你需要的信息，来自你想前往的地方。另一类是你可以摒弃的信息，因为它来自你杜撰的假信息（房产中介资料、银行对账单等）。

在把这两类信息寄到你的主邮箱时，你应该对两者的区别了如指掌，所以寄件请务必使用不同的、特定的假回信地址。例如，需要的信息，以辛辛那提为回件地址；摒弃的信息，以巴尔的摩为回件地址。

在销声匿迹之际，你可以打电话给为你提供主邮箱的人，为了安全获取需要的信息，你只需做出以下指示：

1. 把回件地址为辛辛那提的邮件打包好，以次日达包裹方式，寄至伪装邮箱。

2. 以巴尔的摩为回件地址的邮件为摒弃邮件，同样寄至伪装邮箱，但使用的是平信方式。

3. 在等待这些包裹的同时，请拼命往主邮箱多发一些房产中介小册子、水电申请表、搬家锦囊等，越多越好，统统以伪装邮箱为回信地址。这样就为假冒是你主邮箱主人的人设置了重重障碍。假信息越多越好！进出主邮箱的信息孰真孰假？你务必迷惑追踪者。

4. 以辛辛那提为回件地址的邮件一到达伪装邮箱，就请邮箱提供者将其转投到一次性邮箱，再从一次性邮箱转投到安全邮箱。然后，注销一次性邮箱。

5. 以巴尔的摩为回件地址的邮件一到达伪装邮箱即可销毁。然后，听任伪装邮箱失效，不再更新。

如上所述，我从未成功破解过私人邮件转投邮箱。但这并不意味着无人可成功破解此类邮箱，只是你我永远都无从知晓而已。这就是为什么我还是建议您遵守上述程序。你不妨将其视为信息杜撰中的一个步骤：追踪者会因此迷惘不前，倍感沮丧。要了解个中奥妙，我想你还是多看几本书吧。

7) 公司

我强烈建议你成立一家公司，把租契、车贷、水电等凡是合法的一切，统统转到其名下。如果有人正在追捕你，而你的房产及便民服务项目均在"弗兰克销声匿迹国际公司"名下，那么他们要分清这些东西与你的关系，着实需要费一番功夫了。

至于你应该在哪个州或国家注册公司，我会给你一些具体建议。但是，每个人的需求不同，而且相关法律也日新月异。所以，与其向你提供一些半年内就会过期的信息，不如教你一些关于组建公司的关键词，供你自行上网查找（请看下表）。

公司创设关键词

"匿名公司"（Anonymous Corporations）

"空壳公司"（Shelf Corporations）

"名义上存在的公司"（Nominee Corporations）

"特拉华公司"（Delaware Corporations）

"境外公司"（Offshore Corporations）

"内华达公司"（Nevada Corporations）

"国际商业公司"（International Business Corporations）

"国际商业公司的"（IBC'S）

在网上对这些关键词进行全面搜索之后，再决定哪种公司最适合你。你是想在内华达州或怀俄明州，还是在特拉华州或海外的某个地方（如危地马拉）创设公司，取决于你是否想漂洋过海，以及希望在哪里生活。

不管怎样，在创建公司之前，你都要创设我上文所述的那种邮件转投邮箱系统。这样一来，你才有安全地址来寄送公司文件。哪怕有人入室抢劫或侵入你的电脑，你也不必担心这个公司会被发现。

创立公司的成本并没有你想象的那么高。只要区区数百美元，你就可以在大声法网（LegalZoom.com）或者内华达公司网（TheNevadaCompany.com）上创立公司了。

8️⃣ 电脑、电子邮件和电子邮箱地址

如果有能力的话，请买一台新电脑。但是继续使用旧电脑和家庭网络来完成一些无关安全的任务，这样的话，任何发现你 IP 地址或侵入你电脑的人都会认为他已经找到了你。在你驾轻就熟的时候为什么不多布下一些迷魂阵呢？用家庭网络随机查看一些国外目的地和公寓楼，制造一些假线索，让追踪者找去吧。这些假线索不仅费时费钱，而且临了对方才会发现是死胡同。

买了新电脑后，千万不要连接家庭网络。开车到离家数英里远的地方，找一个未加密且免费的公共无线网络（致纽约人：时代广场现在有这样的无线网可用，你们知道吗？）。连上这种无线网络吧，哪怕你只是想浏览一下 DailyPuppy.com 之类的弱智网站。关键在于，你不能让任何人把你的名字和这个 IP 地址联系起来。这样，后续你才可以用这个 IP 地址来监管你的 JConnect

和邮件转投邮箱账户。

买不起新电脑的话，就去附近的网吧上上网，处理一些琐事吧。千万不要在网吧里打印任何东西，因为网吧打印机会记录打印的内容和时间。记住，现在大多数网吧都安装了监控摄像头。许多人之所以在使用了公共网络终端后遭遇了抢劫或账户被盗，就是因为犯罪分子早就在那台电脑上安装了密钥捕捉软件，获取了使用者的登陆账号和密码，而这些他们并不知情。

那么在这台电脑上你能做些什么呢？你可能已经注意到，我极力推荐使用众多不同的电子邮箱。处理事务时越多地使用 Hush 邮箱（Hushmail）、谷歌邮箱（Gmail）和雅虎邮箱（Yahoo）这类匿名邮箱，你越安全。毋庸置疑，绝对不要创建一个会暴露你身份线索的电子邮箱。例如，你是一个摩托车迷，绝对不能用"哈雷迷 15"作为电子邮箱名称。如果能创设一个让人怎么都想不到会是你的邮箱，则更好。例如，你在美国却注册了一个英国或法国的电子邮箱地址（记录下你的所有信息，比如电子邮箱地址、邮政信箱、手机号码、特殊账户等，在创造新生活时，凡事都应该如此处理，否则很容易迷失方向）。

我不是技术专家，但我知道如何为了安全故意用点小伎俩，同时，还能保持匿名状态。你不必担心有人通过不安全的无线网络获取你的信用卡和社会保险号，因为，如果你从未在网上公布过其中任何一个号码，这种情况就不会发生，而且我也建议你不要公布。但是，如果你仍然担心安全问题，我建议参阅个人网络安全方面为数不多的好书籍（当然，是在咖啡书店阅读，或者，用现金买来阅读）。

9 书籍和书店

还记得我是怎样进入销声匿迹这个行业的吗？我看见一个男人在一家书店购买吉吉·鲁纳（J.J. Luna）的《如何消失不见》（*How to Be Invisible*）、哥斯达黎加指南和境外旅行书籍。而且，居然用信用卡付款。真是低级错误。关于如何销声匿迹的书，读得越多越好，但是请不要用信用卡支付。

如果你根本没支付过，那就最好了。当然，我不是建议你偷书，只是建议你像利用图书馆一样，利用好书店。切记，随着摄像头使用的日益广泛，在商店里买东西想不留下记录几乎是不可能的。所以，对你来说，最安全的方法就是带着一摞书和一个笔记本去书店咖啡馆。笔记做好后，没用的冲进马桶，确实有用的寄到主邮箱。

如果你是任何书店、读书俱乐部、图书馆或任何一家留有你购买或阅读书籍记录的实体店的会员，那你就需要对相关账户上的信息做一些篡改了。通过互联网搜索到一个名字和你一模一样的人，然后打电话给那家书店，告诉书店你已经搬走了并留下他人的地址。如果没有名字和你一模一样的人，就找一个名字和你相似的人（假设你叫罗布，那就找一个名叫罗恩的人），然后打电话告诉书店，他们把你的名字弄错了而且你已经搬走了。

如果你的信用卡与账户绑定了，打电话给书店，让他们撤销你的信用卡信息。此外，请删除线上零售网站账号中保存的所有信用卡和地址，例如亚马逊和亚伯书店（AbeBooks）。

重要的是，你要准确找到书店掌握的关于你的信息，比如你的联系电话、电子邮箱等。请确保他们更改了这些信息，并再次打电话确认书店已不再保留原有信息了。如果你有多余的时间，并且想加双保险的话，请再次打电话确认。

弗兰克的哲学

一回生，两回熟，三回板上钉钉。

如果书店账户中有你的电子邮箱，请务必记得更改。但是，不要提供假电子邮箱，提供一个专门为此准备的新邮箱就好（为什么呢？在公司系统中，如果有邮件被退了回来，系统就会把该电子邮箱踢出，恢复你最初提供的电子邮箱）。

阅读清单

去书店时，我建议你读一读吉吉·鲁纳的《如何消失不见》。关于个人隐私我只推荐这一本书。你可以根据目的地和计划，挑选几本相关的最新境外金融服务指南和旅游书籍。再挑几本与你的目的地和计划毫无关系的指南类书籍和旅游类书籍，混杂在你的那摞书中。在落座之前，环顾一下四周，看看有没有摄像头，因为你永远都不知道谁在监视你。

---

10 你或许用得着的其他工具

你需要什么才能隐身而居？归根结底，这取决于你想在哪里生活？做什么？怎么谋生？每个人都需要预付费手机和电话卡。但下面的一些工具可能对你们中的某些人会有帮助：

● 来电身份伪装卡。有了这种卡，你可以改变去电在对方手机上的显示方式。在谷歌中输入"来电身份伪装卡"，很容易找到。

● 开脱服务。可提供由旅行社、酒店、研讨会和"雇主"提供的假不在场证明。约会进展不顺利时，也可提供"救援电话"。其中最著名的一家公司——开脱服务网站（www.alibinetwork.com）——曾亮相美国广播公司"夜线"栏目、今日秀和其他平台，但是上网搜索一下，你会发现还有十几家类似的公司。

● 保守型语音信箱服务。它允许你登录和发送语音邮件，该邮件将直接进入对方的邮箱，并且没有电话提醒。

● 打一枪换一炮式的电子邮件。这是一次性电子邮箱，使用期限为一小时。详情请登录 www.guerrillamail.com 网站。

● 数字邮件。由多家公司提供的一个日益普遍的邮件服务。将普通邮件转寄到这些地方之后，它将对其进行数字化，便于你登录后，在线查看。Earth Class Mail（www.earthclassmail）就是这样一种数字邮件服务公司。你也可以使用像 Postful（www.postful.com）这样的公司发送电子邮件，它会把邮件打印出来，然后以纸质信件的方式寄出去。

● 自由手机。亚洲有这种手机，手机中的追踪设备都已被移除。其价格比普通手机运营商的定价高出很多，但是如果你需要频繁通话的话，这种手机特别有用。你现在可以在 www. ptshamrock.com/auto/freedomphone.htm 网站上找到这种手机，但是，相关资源会随着时间的推移而有所变化，所以最靠谱的办法就是使用谷歌搜索引擎。

伪饰护照要不得

当你打点行装，准备人间蒸发之际，你可能误打误撞，看到售卖"伪饰护照"或假护照的网站。制造者吹捧其为"有安全意识的国际旅行者的保护伞"，但是，需要这种"伪饰护照"的通常是那些需要隐瞒身份、伪装自己或是招摇撞骗之徒。

伪饰护照上的国家要么是现实中已经消失的国家，比如罗得西亚、伯利兹、扎伊尔，要么是从未存在过、纯属杜撰的国家，比如弗里德尼亚（Freedonia）。"伪饰护照"通常附有支撑文件，证明你确实来自该护照上的国家。售卖者称，在你被绑架或被劫持，但又不想让袭击者知道你的真实国籍之时，这些护照非常管用（其逻辑是，如果你是一名以色列公民，在遭遇巴勒斯坦人绑架的情况下，如果他们认为你来自非洲，巴勒斯坦人也不会加害于你）。

无论是对于冒用身份，还是"伪饰护照"，我的想法都是一样的：不足取。而且，在坏人对你进行搜身或打劫时，你打算把真实证件藏在哪里？售卖"伪饰护照"的公司一定是忘了把带着暗盒的行李箱卖给你了。你还得为是否具有该国标准口音而犯愁，还要向他们解释为什么护照上没盖章。更不要说任何一个逮到你的海关人员了。他们一看到这些文件，一定会认为你是一个罪犯，甚至还会认为你是恐怖主义分子。

"伪饰护照"与护照欺诈之间只有一步之遥。如果你买了假护照，里面有真印章，或者你打算带上假护照去旅行，那么你就越界了。为什么要以身试法呢？

谨记，科技日新月异，黑客们也总会想方设法攻破每一个所谓"安全的"新设备。甩下一大笔钱，买一部最时新的手机或电脑，从此过上无忧无虑的生活，这种事情永远都不可能出现。你需要用谎言将自己层层包裹起来，唯有时刻保持警觉，才能摆脱追踪者。在打造新生活之际，这些将是你的百宝箱里最有价值的工具。

HOW TO DISAPPEAR

如 何 从 这 个 世 界 消

Chapter

—

第 9 章

信息重组

—

前一章涉及的内容极其繁多。无论你是计划漂洋过海、甩掉跟踪者，或者只是想稍微保持低调，你都可以借助这些工具。现在，就让我们来看一看应该如何将这些有助于销声匿迹的工具付诸实践。

真正销声匿迹的那一天可以说是你一生中至关重要的一天。你可以把这一天当作死而复生的一天：从今往后，你就要成为真正的销声匿迹者了（当然，这只是一种比喻的说法，你可千万别当真。佯装死亡可不是一个好主意，个中原因我将在"假死101"中详加解释）。

你即将加入那些隐姓埋名生活的人的行列了：默默无闻但无忧无虑。但是，你一旦选择了这条路，就没有回头路可走了。所以，你首先要问一问自己：出走计划是否真的天衣无缝？你的行踪是否足够隐蔽？是否请私人侦探把出走计划重新梳理了一遍？是否连最细微的错误都不会再犯了？

关于你现存的所有信息，是否百分之百删除了？或做了技术处理？是否为尾随而至的侦探布下了迷魂阵？出走必备的行当是否都已经打点完毕？如果万事俱备，那么你随时就可以走人了。但是，在打点行装时，你要时刻牢记以下这句俗话：

小心驶得万年船。

人在外应时刻保持警惕。如果准备远走他乡，那么得留心是否有人在监视你。如果曾经有人跟踪过你，你更应该小心、小心、再小心。如果有人跟踪的话，那你得请一个私人侦探对其进行反跟踪，以免他派人刺探你的行踪，或是爬上邻居的屋顶，监视你的一举一动。

放弃过去

如果你选择离开自己的丈夫、妻子或是孩子，我希望你所做出的是正确的选择（如果这也算得上是正确的选择的话），你可以找一个律师，同时，也给他们一个请律师的机会。不要借口出门买报纸，从此就一去不复返了。那种做法纯粹就是错的。

如果请不起私人侦探，那不妨选择一种"移花接木"之术。这是一种司空见惯的方式，但行之有效。我有一个客户，突然离开了自己多年的生意伙伴。在他消失的那一天，来了一辆搬家公司的大卡车，卡车上满载着他的私人物品。卡车在行驶了一个半小时之后，到了一家慈善商店。工人们把所有东西卸了下来，然后把它们悉数都捐了出去。我的客户知道他的合伙人一定会监视他的住所，所以，监控者尽管一路跟着卡车，却徒劳无获。与此同时，他却跳上了一列火车，开往了美好的去处。

不管你去哪里，无论是远走他乡，还是漂洋过海，都不要径直前往目的地。如果最终的目的地是圣马丁岛，你可以先登上飞往多伦多的航班，然后飞往波多黎哥，最后再踏上一列开往圣马丁岛的小火车。如果要去盐湖城，你可以先乘坐灰狗汽车前往罗利，再飞往达拉斯，然后再登上飞往盐湖城的航班。不要低估追踪者！你永远都要记住：生命里有很多机缘巧合。在机场随手买本杂志，这种看似微不足道的事情有时恰恰能给你敲响丧钟。

在机场，尽量不要去报刊亭、酒吧和餐馆。除了那个挥着手、招呼你通过金属探测器的人之外，没有必要让任何人知道此时你正要出远门。通过安检之后，径直到登机口候机。

衷心祝愿你旅途愉快！如果你在漂洋过海之前，不厌其烦地完成了那些看似微不足道、实则至关重要的小事之后，你的旅程将更加愉快：你将要构筑起自己的新家、考虑好未来的生计、规划好与至亲至爱之人联系的方式、处理好日常生活中的点点滴滴，比如孩子该去哪儿上学等，如果孩子也和你一道出走的话。在做所有的这一切时，你都应该牢记一个至关重要的目标：

独善其身，切断与其他人、事、地的一切瓜葛。

如果你有条不紊、认认真真地对待新生活，那么你很容易就能实现这个目标。我们再把清单上的每一项内容逐一过一遍。在正式开始之前，请牢记：本章涉及的是选择新居、重新开始生活的总体原则，接下去的章节才会论及如何漂洋过海、躲避跟踪者、防范他人窃取身份的细节。你可以翻到这些章节查看相关细节，除非特别说明，本章说的选择新居特指选择国内居住地。

言归正传，现在让我们来看一看开始新生活所需要的根基！

① 居住问题

你需要考虑的第一件事就是居住问题。在寻找一个新住所时，你要确保没有房地产商或是租赁公司对你的征信情况进行调查。追踪者可以很轻松地获得相关信息，并马上知道是哪家公司在做征信调查。这就是为什么我们在散布虚假信息时，要花很多时间让房地产商进行征信调查的原因——这绝对是个好办法，它可以分散紧紧追随你的追踪者的注意力。避免征信调查的最好办法就是完全绕开房地产商和租赁公司。我建议你到租房网或是到社区公告栏上去找租房信息。相对而言，这种交易是非正式的，而且不需要经纪服务。有条件的话，也可以去找找二房东：这种方法最理想，因为这样一来，公寓还在房东的名下，或是在原租户的名下，而不会挂在转租人（你）的名下。如果你找不到二房东，你可以找私人租房——即可以找那些有两三个房间，又愿意出租部分房间的人。

如果找不到二房东，我建议你在离家出走之前，先开设一家公司。如果你还没有自己的公司，现在就着手创建。你可以告诉房地产商和房东，你的公司搬到了新地方。你可以告诉他们，你的公司会承担相关费用，你希望进行公对公租赁——这就意味着租赁是以公司的名义进行的，而不是你个人的名义。公司租赁是保证个人姓名与个人住址不挂钩的最佳方式。

水、电和有线电视等也以公司名义开通，或者，如果房东能够出面，把一切处理清楚，那就更好不过了。

2 通信问题

现在我们来讨论一下你与外界交流的问题。如果没有人跟踪过你，或者你不曾受过虐待，我强烈建议你不要安装家庭电话。但是，如果你的生命受到了威胁，尽管去开通电话，去买一部座机。唯一要注意的是开通时一定用公司的名义。

你也可以通过电话公司获得互联网服务，但是千万不要给家人和朋友发电子邮件，也不要把旧生活和新生活联系起来。

你或许会在想：永远都不能联系？最好的朋友生病的时候，我连问候一声都不可以吗？小侄女生日来临之际，我连说一声"生日快乐"都不可以吗？我能否关注家乡的近况呢？简而言之：不行。你和至亲至爱的人联系是可能的，但是，安全起见，你应该按以下方法处理：

能短即短，能少即少，且无法预测。

你可以使用预付的公共电话卡和公用互联网连接，以及私人邮件，还有，你得注意我在前一章中所涉及的不同层面的匿名性和安全措施。

这做起来很难：孤独感令人难以忍受。而且大多数时候，你会不堪重负。这就是失踪时最最困难的一个方面。

失踪最难忍受的是心灵上的煎熬。

从今往后，你再也无法随心所欲地拿起电话，联系另一端的家人，每每想到这样一种情形，你就会觉得无比绝望。你会渐渐和很多你关心的人失去联系。你会渐渐感到孤独。和销声匿迹相伴相生的就是孤独。如果要保护自己的隐私，你就得决定这是否是你可以接受的代价。

销声匿迹之后，与人联系是可能的，但是要做到万无一失，还需要细心规划。我的客户丹尼斯，常常饱受前夫的虐待，她只能用预付的公共电话与家人联系，而且时隔一两个月她就得换一下号码，再在一个免费的在线分类广告中发布一种密码，来与家人取得联系。她一拿到预付费手机，就会在网站上张贴待售汽车广告：道奇。她的广告是这样的："98 款道奇，公里数为95550。只经二手。请于下午 2—7 点间来电。"这样一来，在广告中，她就不用发布联系电话了。她的家人只要一看到那则广告，就会知道她的新联系号码是（989）555-0227。

对她而言，每个号码都不持久，同样，也无法和许多朋友分享密码，毕竟她还是担心有人会走露风声，让自己的前夫知道。但是，她至少有一个生命热线。

3 金融

接下来，你的任务就是开立新的银行账户。金融服务要真正做到安全谈何容易？因为不显山不露水的追踪者最喜欢从银行下手。随便编一两个借口，就能轻易套到你的私人信息。

下一回，你走进银行之后，环顾四周，就会发现有一些小小的标识，上面写着："我们使用……"言下之意，在开立账户之前，银行会用某种"调查服务系统"对你的背景做一番调查。调查的主要内容包括：过去你的支票账户是否透支？你的账户是否因为透支而被取消过？同时，它还能查出你是在哪儿申请开户的。

在我从事追逃的荒蛮西部时代，我和银行的出纳们保持了良好的关系。我经常会带着甜甜圈、咖啡、巧克力等礼物去看他们。所以，我一进门，他们就特别开心。有一天，支行经理不在位置上，我就在窗口和出纳聊着。一般支行经理不在的时候，就由她负责整个支行的工作。

我兑换了一张支票，塞了一张 50 美元的钞票给出纳。"如果你把调查服务的密码给我，这就是你的了。"我说。

她笑着收下了 50 美元。这么跟你说吧，我都不知道自己找到了多少人，渗透进了多少银行账户，靠的就是一个免费电话和六位数字。

只要银行使用这类服务，而且聘请的人喜欢收受小恩小惠，那么你的资金流很容易就会被人发现。安全用钱的唯一途径就是使用储值卡。

4）钱与就业

有一点是绕不过去的：要想消失得无影无踪就得花钱。究竟需要多少钱则取决于你走的时候想带走些什么：多少家具？

银行账户里有多少钱？等等。

打点好行装跑路的人大多需要工作，这样到了一个新的地方，他们才能自食其力，因为我们大多数人都不是巨额财富的继承者，也不是中彩者。要找到一种安全的赚钱途径和找到一种安全花钱的途径一样，困难重重。只要缴纳所得税，你就永远无法百分之百确定自己是安全的。我认识好几个私家侦探，他们常用的借口就是社会保险号，他们会去查目标人物的通话记录，会去找出他们的纳税记录。无论在哪儿工作，如果在应聘时，你签署过一份国税表，那么私家侦探凭借你的社会保险号，就能轻松加害于你（如果在国外受聘于一家不需要缴纳美国税收的公司，你会安全一点，因为这样一来，追踪者首先得弄明白你在国外的身份证号，否则是无法糊弄税务机关的）。

我的客户卡罗琳一直被一个咄咄逼人的人死缠烂打，卡罗琳只好避走他乡。卡罗琳是一名服务员，可以作为编外员工工作，不必记录在册。申报税收时，她申报的是自己的收入，但提供的邮寄地址则是她姐姐的地址。山姆大叔没损失，卡罗琳也乐得个安全。

另一个客户做的是电脑咨询工作，无法私下工作。但是，他的弟弟成立了一家公司，客户可以以该公司的名义任职。每

年年终的时候，我的客户就会提出纳税申请。他的弟弟在申报
并支付了相应税收之后，解散了公司。然后，他的弟弟又在另
一个州成立了一家新公司。同样的业务，同样的运作模式，没
有人能追查出该公司的纳税记录存在什么问题。

手头拮据但必须远走高飞，怎么办？

很多读者在看完本书之后倒吸了一口凉气：原来远走高飞
的费用如此之高！邮件转投邮箱、预付费电话、电话卡、机
票、私家侦探、说走就走的旅行（仅仅为了迷惑追踪者就远赴
他乡）——所有这一切都要花钱。信息篡改、信息重组的费用
动辄成千上万。

如果你手头不够宽裕，但是有时间积攒一些钱，我建议你
还是放手去做吧。真正远走高飞之前，你能投入的时间和金钱
越多，一旦开始了低调的生活，你就会越有信心。

但是，如果你必须马上消失，而账户上却空空如也的话，
也不用抓狂。要记住，信息篡改用不了多少钱，甚至根本不花
钱，因为你要做的无非就是给银行打打电话、给网站打打电
话、给客服部打打电话，要求改变个人信息而已。如果你买不
起预付费电话，你总有一摞25美分硬币吧？总有投币电话亭
吧？或者，随便找一个公用电话就行。

信息篡改和信息重组难度更大一些，但是，同样的，你也不是完全没有选择。你可以找找看，有没有一些不需要你付出太多或者几乎不求任何回报就能为你两肋插刀的人？如果有人对你死缠烂打，那也很简单：当地警察局和妇女避救中心提供的服务总是免费服务的吧？而且当地的防身术教练、同事、朋友和家人也渴望向你伸出援助之手吧？

如果你必须远走高飞，那得在某个地方找个二房东，那样就不需要资产抵押，也不需要征信报告了。新目的地有无调整的空间？如果是淡季，你可以租一个价钱合理的度假屋，比如，冬天可以去美特尔海滩。我曾经见过，游客稀少时，那里的酒店一个晚上只要 18 美元。夏天的时候，你还可以到大学去看看是否有空的宿舍出租。有时，大学一年到头都有空宿舍——光是从一所大学搬到另一所大学，就足够满足你一年隐姓埋名的生活了。

如果一切都不起作用的话，那就看看有没有可能找到免费的住宿。近年来，在像 www.couchsurfing.org 和 www.hospitalityclub.org 之类的网站上兴起了一种非常酷炫的旅行方式——沙发客：人们自愿为全球各地的旅行者免费提供沙发或空房。

当然，选择在陌生人家里过夜，你得特别小心。但是，这些网站有一个特别吸引人的地方，即会员们都是由网站上成百上千的其他会员所推荐的。你还可以对你打算入住的家庭做一个尽职调查。

我有几位朋友曾经通过这些网站，到陌生人家里过夜。虽然他们和房东并非永远合拍，但是他们从来没觉得遭遇过任何危险。所以，我觉得这些网站还是值得一看的。

处理债务

无论你去往何方，你总不想留下一屁股坏账吧？你应该尽己所能，把能还的债都还上。记住，FICO[1] 好比是诅咒之语：欠的债早晚都是得还的。处理不当，生活将会无比悲惨。

我有一些客户既想消失得无影无踪，又想把欠下的债赖了，不付电费，对各种账单也不闻不问。大错特错！回过头去看看五年前的自己：或许你没想到有朝一日，自己会拎包走人。你也不知道未来自己的处境会怎样。

风水是轮流转的：跟踪你的人可能会身陷图圄；曾经让你痛苦不堪的商业伙伴可能会和你重修旧好；曾经对你大打出手的前任可能也走到了生命的尽头。你或许会在某个时间，又想重返你的生活圈，但是，如果你欠了一屁股债，就绝无可能。

某些客户因为债台高筑，也曾想过一走了之。但我经常建

---

[1]　FICO 中文译名费埃哲，全称为美国个人消费信用评估公司。

议他们一定要妥善处理债务问题，比如提出破产申请，或者和债主达成还款计划。

不要让账单飘散在风中。记住，一些追踪者可能会发现你过上了新生活，他们会想方设法让你生不如死。欠债很复杂，也很可怕，但是，逃债只会更加复杂、更加可怕。

记住爱默生说的一句话："债台高筑者与奴隶无异。"

---

5 驾驶

只要稍微有点脑子的追踪者都会经常调查你的机动车使用记录。你不可能既是奥尔巴尼公交车司机乔，同时又是奥什科什公交车司机乔，因为你得更换驾驶证。尽管大多数州都规定：跨州时，应该将驾照转换为当地驾照。但是，这么一来，安全就没了保障，而且，你也不可以被警察拦下来。那你应该怎么做呢？

首先，安全驾驶。开车前一定要检查车灯和轮胎，一定要按道行驶，不能超速，这样警察才不会要求你靠边停车。其次，行车时一定要带上证据，说明自己为什么无法将驾照转到新的州。

我的客户德利娅的前夫经常对她大打出手。德利娅搬到了另一个州，她必须决定车子怎么处理、驾照怎么处理。车子完全是她自己的，所以我们开了一家公司，把她的车子卖给了这家公司。她决定保留原所在州的驾照。这违反了现所在州的法律，所以，她在车子里放了一个盒子备查，盒子里装着她被打之后鼻青脸肿的照片、就诊记录、法庭文件以及她前夫的犯罪记录等。这样，一旦警察让她靠边停车的话，她也能说清楚自己的处境。警察对于撒谎非常敏感，你是不是说了真话，他们一眼就能看出来。

但是，如果德利娅超速或酒驾，警察也会开罚单的，而罚单在驾照会有所体现。一旦找到了罚单，调查者就找到了一条可靠的线索，而这一线索足以暴露她的下落。所以，德利娅必须谨小慎微，养成良好的驾驶习惯。这就要求她改变其生活方式。

6 你的孩子们

德利娅有一个小孩，刚上一年级。我在当地找了一位优秀的社工，向她解释了德利娅的处境。在深入了解了德利娅的情况之后，社工确信德利娅真的需要保护，所以就安排孩子上了学，入学登记时还故意写错她的名字，犯了一个小小的"文字错误"。这样的话，哪怕私家侦探调取了学校记录，也找不到完全吻合的记录。随着时间的推移，德利娅日后还可以找机会纠正拼写错误。

如果你有孩子，那么学校记录将会是一个巨大的潜在危险。很多人在把孩子的档案从一个学区转往另一个学区，或者在新学校注册时，就被调查者和当局锁定了。如果身处危险之中，你务必找一个正直的社工或校工，找一些愿意帮助你的人来帮你。否则的话，你还是使用一些替代式的教育方式吧，如请家教、私塾教育或在家教育。

7 备用方案

你大概听说过一句古话：人算不如天算。即使是最如意的安排设计，结局也往往会出其不意。哪怕是付出了最大的努力，哪怕搬到了一个新的地方，你也可能被找到。跟踪者或者调查者可能误打误撞找到了你。也可能因为某种机缘巧合，你会在大街上遇到一个老朋友或是亲戚，甚至是四处找你的人（我亲耳听说过这种事情）。如果发生这种事情，你该怎么做呢？这一点你一定要深思熟虑。

如果是一个受害者，你可以在当地找一大批同盟者，他们会自发帮助你。在当地找一个妇女避救中心，交个警探朋友，认识几个社工。如果不是受害者，你应该自行规划出走计划。你要去哪儿？要带上什么东西？你和伴侣以及孩子们要在哪儿会合？在逃往一个新的目的地之前，信息篡改和信息杜撰需要多少时间？你是否有足够的资金，再来一次销声匿迹？如果没有，那么从今天起就要开立一个应急账户。

金融大咖苏茜·欧曼告诫世人一定要未雨绸缪，一旦失去了收入来源，存的钱也应该能够维持 8 个月的生计。计划销声匿迹的人务必做到这一点。除此之外，还要有足够的钱，买得起机票，飞往一个新国家，租得起房子。

我的客户德利娅为自己和女儿设计了一个十分周全的备用方案。她居无定所，而且所有重要财产都藏了起来。一旦行踪暴露，她可以立马出发。她和女儿设计了一系列的手势、暗语和记号，一旦苗头不对，两人就可以互相提醒。她们还约定，一旦其中一个人发出了这样的信号，她们应该如何获得帮助，应该在哪里会合，等等。

我还让德利娅去找一个"安全地点"，即一旦要快速出城的话，她可以和女儿、母亲以及妹妹会合的地点。她们选择了几个城镇之外的一个酒店房间，而且制订了一个计划，一旦需要换房间，她的母亲和妹妹可以通过投币电话打电话给她。

每一个客户的信息重组故事都各不相同。下面几章关注的是信息重组的具体案例，包括躲避身份窃贼、躲避约会对象、躲避死缠烂打者，或者漂洋过海。但是，哪怕是在这些类别之中，就你个人特别的处境而言，你应该如何做才能保持安全，实际上还有很多变通方式。为了启发你的思维，我首先分享一个我最喜欢的客户的故事。

8 查理

我的客户查理是一位房地产投资者，他和几位合伙人一道，在南加州一带买卖房产。查理胸怀美国梦，认为唯有从事这样的宏伟事业，才能使他走上世界之巅。

不幸的是，查理未能如愿以偿。他花了一大笔钱，和几个投资人在南部买了一个住宅小区，捂了一小段时间之后，抛给了另一个买家。

生意搞砸了，查理和投资者损失了一大笔钱。然后，查理意识到，自己以前更在意的是做成大生意，而不是对其合伙人进行调查。而这是一个大错误。其中一个投资人不愿承认房地产本身是高风险的投资领域。崩盘之后，该投资人派了两个代表和查理谈判。

查理和这两个穷凶极恶的代表之间的对话大意如下："我们是某某先生派来的。你欠了他××美元。你必须要还清这笔欠款。"这两位代表挺有说服力，查理知道自己的膝盖和肋骨随时都会有危险。

查理需要时间来安抚这位怨声载道、危险异常的投资伙伴，也需要时间来偿还债务。我给查理提的建议是：他先开一家公司，然后隐姓埋名，直到有能力偿还债务之后再现身。

查理在离家几个城镇开外的地方租用了一个主邮箱、伪装邮箱、安全邮箱和一次性邮箱，然后使其其收集其销声匿迹的准备。他把预付费电话、储值卡，以及与其他邮箱有关的信息寄到了主邮箱。他从来没有把任何相关信息带回家或办公室，因为他知道猎手们随时都会破门而入掠走相关信息。

查理启用各种邮箱之际，就是寻找一个可以藏身其中的公司的时候了。他开始上网搜索。当然，不是在家里，也不是在网吧，而是在大街上上网。他到了另一个镇上的书店里，翻阅了几本商业书籍，用纸和笔做了一些笔记。他决定在怀俄明州开一家公司。他与一家公司取得了联系，这家公司专门帮人设立公司。该公司给他发了一封邮件，附上了他所要填写的所有文件。

查理给自己的公司取了一个放诸四海而皆准的名字，比如AAA Acme[1]等。他把主邮箱设在怀俄明州，把 JConnect 虚拟电话号码设为联系电话。他用储值卡向该公司付了钱。

由于生意上仍然有很大的需求，所以查理必须和客户以及同事们保持联系。他不能不打任何电话，固定电话也不好停机，因为通信录里有很多重要联系人。所以，他购买了好几部预付费移动电话，清一色的"三无"运营商：无客服、无庞大的全国数据库、无 24 小时热线。

我们用查理现在用的手机设置了呼叫转移，将该号码与一部预付费手机绑定。然后我们再次使用呼叫转移的方式，把该电话的呼入电话转移到第二部预付费手机上。假冒查理的追踪者在成功突破查理主要手机服务运营商之后，或许会拿到呼叫转移后的手机号。一旦成功之后，他可能就能够对第一部预付费手机进行GPS 定位。安全至上！查理的电话很多，要跟踪起来很难，而且都是话费用完就扔，但是他几乎可以肯定的是，假冒他的人通

---

[1]　意即一流、巅峰。

过其旧手机运营商是找不到他目前这个联系方式的。

查理在和客户联系的时候，只会使用自己的预付费手机。为了进一步确保安全，他使用了一种来电身份伪装卡。有了这种卡，他给客户打电话时，客户手机上显示的号码归属地是英国。任何一个看到他的电话 ID 或者按了 * 69 的人都会觉得查理真的是在英国。

渐渐地，查理赚够了钱，足够还给投资者了。他终于保住了自己的膝盖。

HOW
TO
DISAPPEAR
如 何 从 这 个 世 界 消

如何做到"消"而不"失"

—

　　我希望大家看了上述章节之后，对于如何既能消失得无影无踪，又能确保安全已经有了一定的概念。但是，或许你会觉得"信息重组"那一章似乎缺失了某个部分。你或许会问，那假身份呢？你是否觉得，最安全的做法不就是把旧身份证扔了，再花钱买一张新的？

　　错。如果你认为买张新身份证是解决问题的关键，那么你一定得认真阅读本章的内容了。本章的重点在于你在加入销声匿迹者的行列时可能犯下的所有错误，而窃取他人身份可谓是第一大错误。另一个重大的错误就是：新生活与抛诸脑后的旧生活极其相似。

　　在你开启销声匿迹之旅前，你必须要避免两个极端：其一是把过去生活中的一切悉数抛开，包括护照；其二是什么都舍不得扔。接下来，我就来和你聊一聊为什么这两种做法都不足取吧。

　　我不是什么童子军，也不是警察们的伟大捍卫者。我坚信，在你销声匿迹之际，决定做什么样的事情完全取决于你。只要不伤害任何人或者侵犯他人的权利，你在销声匿迹之际的所作所为与我无关。

　　话都说到这份儿上了，不妨来看看我给你提出的忠告吧：

　　假身份要不得。

　　如果既不是罪犯，也不是国际间谍，无须新身份，你一样可以消失得无影无踪，既神不知鬼不觉，又能泰然处之。既然不是迫不得已，又何必欺诈呢？那永远都是无法消解之痛，无论有多少本书、多少个网站给你支招，有朝一日，或许你都会因此身陷囹圄。

　　过去，窃取身份相对容易。一度广为流行但肮脏不堪的新身份获取方式是：到墓地里去搜寻！你像幽灵一样在墓地里四处游荡，直到找到一个差不多和你同年生但五岁就夭折的孩子的坟墓。由此入手，你就搞到了一份出生证明、一个社会保险号，以及这个孩子名下的所有的身份象征。倾刻之间，你便焕然一新，有了一种全新的身份。

但是，现在这种方式已经行不通了。这种方法只有在前电脑时代才是行之有效的。今天，政府部门之间可以通过自动系统交换重要数据、社会保险号和机动车数据，如果你要套用死人的身份，联邦调查者立马就会知道。如果被逮住了，那你就得在牢里度过一个漫长的假期。

每一天，我都会收到个人的邮件，请求我帮助他们获得新身份、护照、驾照、签证、出生证明等。我不知道他们是从哪儿得知我会鼓捣这些东西的。我觉得其中很多找我咨询的人是执法部门的人假扮的。这也情有可原，他们只是在做自己分内的事而已。但是，我无法理解的是，为什么有人居然相信我会在网上提供这类服务？我也不知道他们从哪儿听说我干过这种勾当。以下这一点至关重要，请谨记：

千万不要和网上兜售假证件的人打交道：他们根本不知道自己是在玩火。

此时此刻，在全球范围内，警方正在大力打击制假售假行为。如果他们还能帮你搞到防伪身份证件，那他们一定是国际身份大盗了。你觉得他们会在谷歌上打广告吗？所有在网上兜售此类业务的人一定是骗子。他们也一定会在网上兜售机密解码戒指和爱情春药。千万别上他们的当。

请勿在电子邮件中承认违法行为

如果你计划走人，而且做了些违法的事情，无论是窃取身份或是其他，千万不要通过电子邮件向任何人咨询违法信息或服务。应该假定你联系的人要么是执法人员，要么会向执法机关举报你，以获得奖赏。

在我风华正茂、天天招摇撞骗的那些日子里，我知道我其实身处于一个合法的灰色地带里，我知道长此以往，我一定会陷入大麻烦，所以当时我把它视为贩毒。这是什么意思呢？那意味着当时的我无异于变态狂，而如今还这么做的也只有变态狂了。我的想法是这样的，我的一举一动其实尽在执法部门的监视之中，每一个客户都有可能向警方举报我，以换取悬赏。

我知道巴勃罗·埃斯科瓦尔[1]或霍华德·马克思[2]从来不会发电子邮件向陌生人请教如何贩毒。如果你违法了，想掩饰自己的所作所为，最好的办法莫过于单枪匹马来解决。

---

[1] 巴勃罗·埃斯科瓦尔（1949.12.1-1993.12.2）：哥伦比亚大毒枭。
[2] 霍华德·马克思（1945.8.13-2016.4.10）：威尔士大毒枭。

真正的假证专家只会当面交易。但是，那并不意味着，在你走投无路时，在黑灯瞎火里碰到什么人都值得信赖。（是的，在背街小巷里确实有人兜售假证件。最近，英国警方捣毁了一个专门在大街上兜售假护照的团伙）。无论你找谁买假证件，护照号码是否仍然有效？条形码是否真的可以扫描？你根本无从知晓。还有全息照片呢？那可不像把假的20美元递给酒吧服务生那么简单。这可是一个大数据时代。

找朋友的朋友买假证件看起来十分可靠，但是，它也有其内在的风险。你真的信任这个人吗？拿到新身份证之后，你到一家银行，成功地开了户，把毕生的积蓄都存了进去，但是，几周之后，你发现国家税务局直接吊销你的户头，余额被清零了。为什么呢？因为被你冒用身份的那个混账欠税数千美元。完了。

再者，如果新身份有案底怎么办？如果原主人是一个恐怖分子，被列入了禁飞行列，那该怎么办？可以想象一下：你满心欢喜来到了机场，新的家园看似近在咫尺，却永远无法企及，那将是一种什么样的情形呢？我只是觉得冒这个险不值得。

我们不妨这么说吧，由于老天开眼，你千辛万苦弄到的证件干干净净，足以以假乱真。但是，我猜想你对制假售假这一行业的一些潜规则可能还不是特别了解吧：你如何证实自己的证件是百分之百有效的呢？你是否会买上一张国际机票，专程去海关一验真伪呢？你正随心所欲地一路狂飙，但是，你被警察拦了下来，要检查你的新驾照。那该怎么办呢？再或者，你带着新出生证大摇大摆地走进了社会保险办公室，说本人现年35 岁，现在要申请社会保险号。那你还得费尽九牛二虎之力，向对方解释说，自从 15 岁以后，其实自己一直是生活在坟墓之中的。

证件是否有效，唯一的办法就是用一用。你得揣着假护照，慢悠悠地到海关走一圈。这么做的时候，你可千万要冷静，别像《午夜快车》[1] 的主角一样，表情怪异、心动加速、大汗淋漓。这样无异于明摆着告诉别人：我持的是假护照，带我去后面的黑屋子吧。我曾经也被带进过那个黑屋子。那可是刀山火海啊！你这辈子都不会想去那种地方的。

像我这样一个披着长发，蓄着山羊胡须，看起来猥琐的人，在去机场的时候，检查、盘问那都是少不了的。我想我一定符合毒品走私犯的标准形象吧。几年前，我从爱尔兰返回美国，在第一个关口，边检把我的护照信息输入电脑之后，他的

---

[1] 《午夜快车》：艾伦·帕克（Alan Parker）执导的电影，由布拉德·戴维斯（Brad Davis）主演。

脸上露出了一种似笑非笑的滑稽表情。他指了指边上，对我说："带上你的东西，去那里。"我走了过去，心想，指不定会遇上什么好玩的事儿了。

一个官员走了进来，"啪啪"地套上了橡胶手套。"把包放在台上，打开拉链，退后。"他告诉我。我照做了。

他吓得往后一跳。"那是什么？"他说。那时正值炭疽热袭击频发的时候。

"婴儿粉。"我说。

他一边检查我的护照，一边问了一大堆问题。"你在爱尔兰做什么？你有没有和商业伙伴往来？除了爱尔兰，你还去了什么地方？你待在哪儿？你和谁在一起？"

他俯在电脑上，输入了我的护照号码。他和第一个边检一样，脸上一副困惑的表情，他又请了一位边检人员来看屏幕。然后他们互换了电脑，又叫了一个边检进来。

几分钟之后，一位高级官员进入了房间。他拿着我的护照走了出去，其他两个人仍在乱翻我的行李，然后又开始拿一些问题，对我狂轰滥炸。我很紧张。我根本不知道到底是怎么回事。我故作镇定，但是，我头脑里想的是，如果我太平静，他们可能会以为我有什么不可告人的目的吧？所以，我决定不能表现得太镇静，但是我又想了，如果我表现出害怕的样子，他们还是会认为我有所隐瞒。我的头脑里如同千军万马一般，我大汗淋漓，但我什么都没做错。我的心怦怦直跳。

40 分钟以后，高级官员回来了，他径直朝我走了过来，脸上老大不高兴的样子。另外两位边检也在观察着他的一举一动，或许他们是在蓄势待发，只要官员一声令下，他们就会随时向我扑来。

高级官员把护照还给了我，还连声向我道歉。原来他们把我的身份搞错了。我卷起了我的所有行头，冲了出去，接连喝了三杯龙舌兰才平静下来。

我不知道为什么他们会拦我。或者，我的名字里包含了某些爱尔兰共和军恐怖分子的信息。但是我别无选择，只能待在那里，直到他们放我走。你想想，如果你持的是假护照，你会面临什么样的一种情形呢？

我完全反对使用假身份。想象一下：现在你是来自棕榈泉的文森特·维加先生。你和你的女朋友以及她的家人惬意地享受着冰镇果汁朗姆酒。就在此时，你高中时代最好的朋友走了过来。这个愚蠢的家伙，居然边走还边喊着你的真名德克斯特·普拉德潘斯。你现在跟满桌子的人去解释吧。假身份就像是轮盘赌一样。你的幸运数字一定会出现的，只是时间问题。

在你销声匿迹时，千万不要把身份证件撕得粉碎。要花一点心思隐藏自己的合法记录，但是要布下迷魂阵，让追踪者千头万绪，无从下手。

但是，与此同时，你必须要确保把以往的部分生活抛诸脑后。在远走他乡之际，你应该带上自己的真实护照和出生证明，但是，要把自己的习惯、商业伙伴和与你个人有关的日常习惯全部抛诸脑后。为什么呢？因为追踪者很可能对此了如指掌，而且牢记于心，然后才来找你的。尽管这难以接受，但是，既然选择了销声匿迹，就应该接受这一残酷的现实。

销声匿迹是生活方式的改变。改变你的激情所在，否则，你会因此走向万劫不复的深渊。

想当年，我还是一个追踪者的时候，一直都在利用人们的习惯找他们的下落。我把其中最喜欢的一则故事称为"老赖艺术经纪人的故事"。

① 老赖艺术经纪人

偶尔，也有客户问我，是否可以代交传票？即把传票代为送达至被告手中。对于我们的法庭体系，我从来都是不待见的，但是，经年累月之后，有一些特别难伺候的主儿也会出现在我的生活里，而我从来都不会拒绝巨大的挑战。

老赖艺术经纪人就是这样的挑战之一。他是一个艺术作品经纪人，在一个拍卖会上，他拍下了一辆价值 40 万美元的老爷车。但是，事后他却拒绝付款。拍卖行提出了诉讼，我必须找到这个老赖，把那一大堆诉讼文件甩到他脸上才解气。

我的初步调查表明，他住在曼哈顿下东区的富人区。他家（也是他的画廊所在地）门口是铸铁大门。画廊不向公众开放，只接受预约。这就带来了一个很大的问题。对于进入画廊里的大多数人，他一概拒绝与之见面。这样，我就没办法大摇大摆地走进画廊，把法庭传票送到他手里了。

所有的这一切都发生在基斯·哈林（Keith Haring）[1]过世后的几周时间里。基斯·哈林因其在纽约地铁站的涂鸦而声名雀

---

[1]　基斯·哈林（158.5.4-1990.2.16）：美国艺术家、社会活动家，1980 年代期间纽约派中最主要的领导人物，作品多具有社会和政治意义，代表形象：空心小人。

起。我用家庭电话和老赖经纪人取得了联系，我自称帕特·布朗，是家族的代表，我们家有意拍卖哈林的几幅艺术作品。

老赖要求我先用拍立得拍几张照片，发给他看看。我回复说："我只有一套。如果您不感兴趣的话，您能否帮我介绍一个可能感兴趣的人？"我知道，一想到马上就要拥有哈林的作品，大多数艺术经纪人一定会垂涎欲滴的。

他让我到他的画廊走一趟。

我找到了那个富人区，按了门铃，迎接我的只有老赖家的小白脸管家。我站在铸铁大门和前门之间，他让我把照片给他。我说："我是不会给你的。我只有这一套照片。"

他向我保证说，他一定会把照片交给老赖经纪人看，我可以在外面等。

我说："不行。你是在浪费我的时间。"我转身佯装要走，就在此时，一个年纪较长的白人走了出来。看上去和我在拍卖会照片上看到的是同一个人。我的心动加速了，但是，我还是尽量不动声色："你他妈的别浪费我的时间。我到这里是想见……"

他向我走近了一步，说明了自己的身份并邀请我到他的画廊里。我手里紧紧拽着一个鼓囊囊的信封：他一定认为里面装的就是那些照片。错了！我身后的那扇门慢慢关上了，我心里突然觉得一阵恐怖，因为这扇门只有按门铃才能进出。啊，活见鬼了！我心想。一切都完了。

"你是（老赖经纪人的真名）？"我又问了一次。

他再次确认了一下。

我把信封抛向了他。我说："好的，这是法律传票，接受法律的审判吧！"

他的脸一下子变得白里透红：白是因为惊慌失色，红是因为恼羞成怒。现在，千万别腿软，我心想。在门马上就要关上的那一刹那，我抓住了门把，闪了出去。他就在我的身后，他一定气得七窍生烟。幸运的是，前门毫不费劲儿地打开了。

我在人行道上，飞奔下整个街区。老赖经纪人就在我的身后，喊啊叫啊，双手在空中挥舞。我加快了脚步，不过那只持续了两秒钟，然后，像风一样，我又恢复了纽约市旧时的那种躲避方式：拿起垃圾筒朝他扔去，挡住他的去路。他把垃圾筒盖像是飞碟一样地甩向我。

最后，传票在我身边呼啸而过，而我向右拐进了莱克星顿大街。迂回穿梭之后，我猫着身躲进了一间酒吧，要了三杯龙舌兰，安全了。我又活过了一天。

这个故事的寓意是什么呢？老赖经纪人之所以让人有机可乘，是因为他的"销声匿迹"的企图只成功了一半。他的住

址尚未公开，对陌生人更是避而不见，但是，艺术收藏品仍
然令他欲罢不能，这就意味着只要耍点小花招，任何一位知
道他好这一口的人，就能想方设法要和他面对面见个面。如
果你想销声匿迹，凡是人们意料中的事，你都不能做。不要
收藏，不要沉迷。看在上帝的份儿上：

一旦跑路了，你就别在谷歌上搜索自己了。

在奥莉维亚·纽顿—约翰（Olivia Newton-John）[1] 的前男友
帕特里克·麦克德莫特（Patrick McDermott）销声匿迹之后，
全国广播公司《日界线》（Dateline NBC）栏目那帮天资聪颖的
伙计们创建了一个名为"寻找帕特里克·麦克德莫特"的网站，
并把这个网站告诉了他的家人，结果他们真的找到了帕特里
克·麦克德莫特。你瞧，短短几周后，就有人在墨西哥阿卡普
尔科一带频繁访问该网站。他就藏在那里！是虚荣导致了他的
现身。

"做你自己"是跑路时你恰恰不该做的事。类似的趣闻轶事
很多，你想看多少我都有：书虫会把自己的巴诺书店会员卡转

---

[1] 奥莉维亚·纽顿 - 约翰（1948.9.26-）：澳洲流行音乐歌手，获 1974 年（第
16 届）格莱美奖。

到其在多米尼亚共和国的新居；吃货对于送上门来的最爱美食
绝对不会说不。我把他们所有人都找到了。既然已经远走高飞，
那就趁机尝试新事物吧！

HOW TO DISAPPEA

如 何 从 这 个 世 界 消

Chapter

一

第 11 章

从身份窃贼眼皮底下逃脱

一

看完前面几章之后，你可能会觉得，这本书并不适合我。我不是罪犯。我不想跑路。我既不需要避走他乡，也不需要漂洋过海，更没有人追杀我。

好吧，和你分享一个信息：消失一阵子，人畜无害。是的，说的就是你！公司一直都在买卖你的信息，都在拿你的信息做交易，昨天刚刚完成的交易可能会将你加入到令人生厌的邮件列表或者电视营销数据库，明天可能就有人盗用你的身份或把你的钱财一卷而空。你真的希望你的联系方式、征信级别、年龄和家庭组成在网络上满天飞，人人都看得到吗？这对你真的有好处吗？

不想让身份窃贼有机可乘的读者们不妨将本章视为"销声匿迹简化版"，以减少信息足迹和数字足迹。为了避免业界人士所说的侵入，你可以先采取几种预防性措施，以确保个人信息安全。

首先，我们先给"侵入"这个概念下一个定义。

侵入，名词：是一种犯罪行为，指某个自称是你的人通过利用你的个人信息来获取经济利益的行为。

侵入共分为 6 种：

商业侵入：罪犯冒用贵公司或行业的名义牟取私利时就出现了商业侵入行为。黑社会经常这么做。饭店老板欠了黑社会的钱，黑社会就会强占饭店，并要求告知饭店信用卡最高信用额度。接着他们就会刷爆饭店信用卡，大肆购买牛排、龙虾，并在黑市上出售，获得的利润也被他们强取豪夺，而可怜的饭店老板只能债务自理了。

犯罪侵入：罪犯落网之后，佯装是你，因此有关方面对你提请诉讼，并掌握了你的联系方式。

要做到这一点易如反掌。我最近读到一份报道，说新奥尔良有一位名叫阿蒙的孩子真的就发生了这样一件事情。阿蒙和父母生活在一起，他是个少言寡语又略带羞涩的孩子，也不会开车。但是，有一天，他收到了一张传票，说他无证驾驶，要求他出庭受审。几周之后，他又收到了一封信，说他吸食大麻，不想坐牢的话，必须进戒毒班。他为此困惑不已。

然后，他打开了一份报纸，看到有一名少年正在郡监狱里服刑。那个少年犯居然自称是阿蒙：名字和这位看报的无辜少年的一模一样。阿蒙的姓很复杂，而且极具民族特色，所以这不可能是一个巧合。坐牢的少年犯盗用了他的名字。

后来阿蒙才发现，原来是一个老朋友选择了以犯罪为生，他四处招摇撞骗，一被警察抓到，就说自己叫阿蒙。虽然他并没有随身携带身份证件，但是他背下了阿蒙的地址，而警察居然愚蠢到家了，对他所说的话深信不疑。等可怜的阿蒙发现了事情真相之后，他以前的这个朋友也出狱了，而且没有一个人可以找到他的下落。阿蒙不得不向法庭提起申述，要求为自己正名。否则，未来他在找工作的时候，会发现自己已经有案底了，而这仅仅是因为某个傻瓜记住了自己的地址。[1]

金融侵入，这是我们最经常听到的一种侵入方式，即某个人利用你良好的个人信用，办理了信用卡、支票和其他可以牟私利的金融工具。其实，每一天类似的故事都在不断上演。很可能，未来的某一天，在你身上也会发生金融侵入，无论是某

---

[1] Winkler-Schmit, David. (2009, March 23). Mistaken Identity at Orleans Parish Prison. The Gambit. Retrieved from http://bestofneworleans.com/gyrobase/Content?oid=oid:52763, 11 April 2010。——作者注

个人窃取了你的信用卡信息，开始在一个加油站疯狂购买乐透彩票，或更糟糕的，以你的名义开了一个美国运通信用卡账户，然后把卡刷爆，最大限额取现，直接取出 30000 美元。

许多人称金融侵入是"身份窃取"，但是，我们业内人士在使用该术语时会更严格，一般是等同于身份侵入或冒名顶替，即套用其他人的所有身份，假扮其生活，涉及的范围包括假护照和出生证明。犯了身份侵入罪的人不仅向金融机构谎称自己是其他人，而且每天在所有认识他的人面前以他人的身份自居。这纯粹就是骗人的把戏了。

合成侵入或"合成身份窃取"是一种可怕的、新型的身份侵入方式，犯罪分子对你点点滴滴的信息进行合成和利用。比如，他会把你真实的社会保险号与不同的名字和不同的出生年月绑定。于是在同一个身份识别码之下有了两个不同的身份，也有了两份征信报告、两个犯罪记录、两种机动车使用记录等。合成侵入是难以追踪的，因为侵入者会有一种不同的信用状况，而且往往是几个月之后或者是几年之后，你才会意识到有人正在毁坏你的名声，正在盗用你的社会保险号。

如果你成了合成侵入的受害者，我的建议是尽快与优秀的私家侦探取得联系，最好是能将此人捉拿归案，最次也得尽可能收集到这个人更多的信息。我可以给我的商业伙伴爱

琳·霍兰打打广告吗？找她准没错。不然，就找你的家人或
商业伙伴介绍的私家侦探。

医疗侵入在我们这个社会时有发生，有的事先还征得了身
份被盗用者的同意。比如，一个人套用另一个人的身份，获取
了医疗服务。假设一对双胞胎姐妹生活在一起，一个有工作，
一个没工作。没工作的那个得了链球菌咽喉炎之后可能会冒充
有工作的那个去看医生。

我必须坦率地说，这一点我是可以理解的，原因在于我们
现有的医疗体系本身就存在缺陷。但是，如果有人未经你同意，
就冒名顶替，享受了昂贵的医疗服务，那么未来你得到的保险
费就少之又少了。再者，你可能会因为"过往病史"，此生都难
以再参加医疗保险了。

除了身份侵入之外，以上各种侵入轻而易举，时有发生。
而身份侵入则费钱又费心，你得做好做足书面文章，才能假扮
他人，才能打造全新生活。犯罪分子可以从以下几个途径，轻
易获取你的信息：信件、垃圾、零售店（你的卡可能会被盗刷
过）、信用卡公司的后台办公室。

你是否可以防范侵入呢？一言以蔽之，我觉得你是做不到
的。但是，只要你运用几种销声匿迹的技巧，就能够给犯罪分
子增加难度。以下就是一些颇具操作性的方法。

以骗制骗。

　　稍微篡改一下自己的记录并没有大碍。打电话给水电公司，告诉它们你的名字拼写有误，要求对其进行"更正"，这样，如果有人冒充是你，打电话给水电公司，要求查找你的信息时，你的信息细节就不会自动弹出了。你通过客服代表开设新账户时，无论这是电话公司、录像店或是当地图书馆，你得想方设法不提供任何信息。你要反问他们一句：为什么需要这么多细节呢？

弗兰克的哲学

　　我打电话给移动电话公司、有线电视公司或是信用卡公司时，一旦他们要求我更新信息，我就会大为光火。现如今，哪怕是到零售商店，他们也会要求你提供电子邮件或电话号码。他们真的需要我的电话吗？答案是否定的。大企业更关心的是收集个人信息，而不是向你提供它们在广告中所说的那些服务。

如果没有办法，只能向他们提供信息的话，你就要对自己的信息做一些改动。比如，你出生于 1972 年 8 月，你就要告诉他们，你的出生年月是 1969 年 9 月。当客服代表问你，你在哪儿工作时，你可以把当地检察官的电话号码给他们。如果他们管你要家庭电话、工作电话或是手机号码时，你可以把中餐馆、比萨饼店和法拉费中东小食的外卖电话给他们。至少，他们现在知道了你所在地区最好的外卖店在哪儿了。

出于个人安全考虑，你也可以考虑一下，把社会保险号的最后几位数修改一下。这并非完全合法，但是，你这么做，与人无害，而且这么做的话，窃取你个人身份的人将永远无法提取你个人的准确信息。

现在，许多公司都提供密码保护服务。人们一直都在问我，密码保护服务到底有什么用？事实是：有时候它们确实是有用的，有时候它们确实没什么用处，但是，无论如何，有密码总比没有密码强。至少你和窃贼之间多了一道保护的屏障。

密码是一个额外的优势。

无论你设置的密码是什么，你都需要确保自己设置的密码是安全的，而且要懂得避免以下常见的密码错误：使用孩子们的名字、宠物的名字、生日、"密码"这个词、你的爱好、你娘家的姓、你最喜欢的运动队，或者只要需要登录密码，你就一概使用同样的密码：无论是脸书、电子邮件，抑或个人支票账户，统统一样。

有几家公司号称开发出了防身份盗用程序，但是它们是否真能阻止身份盗用情况的发生呢？耳听为虚，毕竟我还没有亲眼见证过。它们大多为应对式服务，即身份盗用者妄图盗用你的信用卡，我们并没有看到电光一闪，就把骗子拦下了。

更糟糕的是，这些服务是很花钱的。他们要收取月租费，以监控你的信用报告。但我个人认为，这其实就是信用卡公司免费提供的服务。但是，我必须承认，这些服务收费并不高，而且可以在该犯罪行为造成灾难性的后果之前提醒你侵入行为已经发生了。或许，你可以考虑一下，是否要注册使用该服务。

请牢记：在自我保护方面，还没有哪一种服务或软件比得上个人的警觉性和常识。

在个人隐私面前，千万别做白痴。

我在机场曾经听到有人打电话给信用卡公司。就在那里，就在机场大门的正中央位置。他们大声嚷嚷着自己的姓名、社会保险号和账号。人人都听得到，人人都可以记下相关信息，甚至可以盗用其信用卡，而傻瓜却还蒙在鼓里。在电话里讨论金融服务时，你可千万要小心。除非万不得已，不要在公共场合打电话给信用卡公司或是银行。迫不得已要在公共场合处理此类事宜时，最好躲进洗手间里，或者在小隔间里窃窃私语。

在使用信用卡或自动柜员机之前，务必四处观望一下。小偷可能就躲在公共场合，拿着照相机等着你呢！在你刷信用卡、输入密码时，他们就会偷偷拍下来。如果你的信用卡卡号在照片上清晰可见的话，那你就得和你的现金说"撒由那拉"了。

客服代表让你透露一些信息时，你要特别小心。有时候，这些公司的后台工作人员在处理完你的交易之后，可能会偷偷留下你的信息。如果你在和某个工作人员交谈时，觉得他要的信息过多了，完全没有必要，或者觉得他们问七问八，超出了其职权范围，那你就可以提出要和他们领导谈，并把通话内容转告给他们的上司。

如果无法自行刷卡，那么你在零售店里就不要使用信用卡。否则的话，你永远都不会知道收银员是否复制了你的卡：也就是说，收银员刷了一次卡，刷的是真正的交易信息，但是，可能在一个隐蔽的设备上又刷了一次你的卡，提取了你的个人信息。如果是在如今已经十分罕见的那种夫妻老店里消费，店里也没有自行刷卡的设备，那你还是老老实实用现金支付吧。

餐馆和酒吧一样险象环生。服务员和酒保通常会把你的卡拿走去刷，这样你的卡就会有被盗刷的风险。或者，有人可能会拿着笔和纸，记下你的卡号、有效期和安全码。吃饭时还是用现金埋单吧。

对于四处挥洒现金不感冒？那就学学我的那些名人客户吧：

用储值卡。

是的，储值卡。在你亮出"成就卡"（Achieve Card）或"万能卡"（All Access）时，或许并没有人会倒吸一口凉气，对你心生羡慕。但是，和那些甩出美国运通卡的朋友们不同的是，你晚上可以睡个安稳觉，大可不必担心信用卡的安全。

不要觉得尴尬。我所有的名人客户们用的都是储值卡。他们会让人把储值卡寄到一个私人邮件转投邮箱，然后让助理去就近的便利店里充值。不麻烦，也不容易上当受骗。

私人邮件转投邮箱？是的，名人就是用这种邮箱来保证其邮件安全的，你也可以考虑一下。小偷们要从邮件中窃取信息可谓易如反掌。如果你住在一个独门独户的房子里，很可能你的邮件就搁在路边一个不上锁的邮箱里，或者就在你的前门旁。小偷可能会径直走到邮箱旁，随手抓走一些账单。如果这个小偷聪明点的话，第二天他还会回来，把邮件放回原处，但是信早被拆过了、复印好了，也重新封上了。一切都是神不知鬼不觉的，等你发现时，为时已晚。

即便你的邮箱上了锁，要撬开那种小锁还不是小菜一碟（这应该是我的经验之谈吧……难道不是？），所以：

要确保邮件安全，就一定得租用攻而不破、无法冒领的室内私人邮件转投邮箱。

哪怕有人偷走了你的钥匙，邮件转投点往往也是人来人往，人潮涌动。而且，时时刻刻，到处都有很多摄像头盯着。有人胆敢冲你下手的话，你随时都可以将他们手到擒来。

如果你听不进我所说的，也没关系，但是千万千万不要把准备寄出的邮件放在路边的邮箱里。如果你把支票、各种账款和纳税表放在那里，你明摆着就是想让人盗用你的身份。如果你凡事都不关心，你干吗还要看这本书呢？

用不起私人邮箱？

那就用无纸化账单。

所有账款都在线支付（想必你的水电公司官网是安全的）。如果选择了接收无纸化账单和支付方式，你在注册之后，首先要做的事情就是要申请短信提醒服务。这样的话，一有支出，你的手机就会接收到信用卡消费短信，你马上就会知道是否有人盗用了你的信用卡。当然，还有一个好处：一旦你有所消费，但收不到短信的话，你就知道有人黑进了你的账户。

如果你只是一个普通人，没有追踪者，没有跟踪者，也没有警察天天追着你跑的话，那么唯有此时，短信提醒服务才是上佳之选。否则，追踪者一旦掌握了你的短信历史记录，那么他就会从你是在哪里付款的找到你的下落。

申请在线账单服务时，不要使用工作邮箱，也不要使用与亲朋好友联系的邮箱。申请一个新的电子邮箱，专门用于支付账单。请确保电子邮箱中不含你的名和姓，也不含任何显而易见的、容易暴露个人身份的细节。

如果你并不关心是否有人在寻找你的个人信息，那么你可以用同一个邮箱来处理所有的在线账单。但是要经常更换密码，同时密码应该由数字和字母组成。

记住所有的密码。把它们记在纸上，放在一个安全的地方，比如保险箱。不要把它们存放在硬盘里。电脑太容易被黑客突破了。尊重电脑，并且永远对电脑要怀有一种敬畏之心。

现在，我们就顺便进入下一个话题，谈谈电脑吧。我不是一个电脑迷。你是否看过《太空堡垒卡拉狄加》（*Battlestar Galactica*）[1]？这部电视剧的背景是：疯狂的机器人黑客几乎毁灭了整个人类。它们向我们的城市和我们的军队发起了攻击，唯有一艘战舰幸存了下来。这艘战舰的船长是一个白发苍苍的老者，他对技术缺乏信心，因此也拒绝将其电脑与军方主机相连。然后恰恰是因为老舰长拒绝参加整个狗屁不通的技术秀，所以在机器人黑客的攻击狂潮中幸存了下来。我要向这名舰长学习。你也应该这么做。

电脑从我们入手之刻起其实已经过时了。所以不难想象，每隔几年，我们就得更换一台电脑。电脑报废之后，不要直接把它搁在路边，也不要把所有文件都删除并放入 Windows 的"废纸篓"之后，就把它赠送给了慈善机构。小偷们经常在

---

[1]《太空堡垒卡拉狄加》：又译为《银河战星》，系美国科幻电视连续剧。

垃圾箱和慈善机构的捐赠箱里翻找电脑，进而从废弃的电脑中去寻找信息。我们大多数人的习惯会让小偷偷更加得心应手地偷东西。我甚至看到有人直接把笔记本电脑完好无损地搁在人行道上，或扔在Craigslist[1]分类广告网站上或全球捐赠网（Freecycle）上，上面还标着：能用。这些人不是疯子，就是傻子，或者两者兼而有之。

据说有一种软件可以把硬盘抹得干干净净。你不妨买来试试，但鬼知道是否真的有那么神奇。我是不会买的。所以我只好凡事都得亲力亲为了。

弗兰克·埃亨电脑捣毁指南

1. 找一把锤子，把硬盘多砸上几次。

2. 把硬盘放入桶中，在桶中倒入来苏尔消毒剂或松节油。请在通风良好的地方处理硬盘，这样的话，你才不会感到恶心，否则你得起诉我了。要远离孩子和宠物。

3. 把硬盘放在桶里泡上几天，洗涤干净，用塑料包上，然后再放进冰箱里存放几天。

---

[1]　Craigslist：1995 年在美国加利福尼亚州的旧金山湾区地带创立的一个大型免费分类广告网站。

4. 将硬盘从冰箱中取去，开车去最近的海边或者找一个大的水域，把硬盘扔进海里或水里。对，这是乱扔垃圾的行为。去种一棵树吧，这样或许会让你觉得好受一些。

你也可以用这种不信任的方式来处理你的旧手机。无论你是把手机扔进了垃圾箱，还是把它送给了朋友，你都需要删除电话簿，并把手机恢复至出厂设置。在我的职业生涯中，我从手机里淘出了多少信息你知道吗？知道的话，你一定会大吃一惊的：不仅有联系方式，而且还有电子邮件、密码、短信和通话记录。

你的手机是否有单词识别功能或者安装有 T9 智能输入法[1]？可以学习新词新语，不是很酷吗？是的，如果我找到了你的旧手机，并发现你最常用的 T9 单词是"瓜达拉哈拉市"、"银行账户"、"禁运品"和"几百万"的话，那你就麻烦了。

我这个人特别笨拙，所以我的手机经常摔，而且经常摔坏。我的破手机塞了满满一抽屉。我在处理这些手机的时候，

---

[1] T9 输入法全名为智能输入法，字库容量 9000 多字，支持 10 多种语言，是由美国特捷通讯软件公司开发的，该输入法解决了小型掌上设备的文字输入问题，已经成为全球手机文字输入的标准之一。

就会把手机装进一个袋子，和野人一样，用一把雪橇锤子对着它猛锤，然后把它扔进下水道里。我知道这种做法毫无技术含量可言，但是据我所知，这是最好的方法，这样就没有窥视的眼睛可以发现我的通话历史了。

我的总原则是这样的：

用完就毁。

这一原则不仅适用于电子设备，同样也适用于纸质文件。如果你收到了任何账单、合同草案或者邮件中含有敏感的信息，那么，处理完了之后，就用碎纸机将它们销毁。不要买那种最低端的、13 美元一套的垃圾碎纸机，拿一架好的碎纸机，可以多方向交叉碎纸的机器，这样的话，你的文件就无法复原了。

处理碎纸片时，不要把所有的碎纸片都装入同一个袋子里。把它分装在几个袋子里，这样的话，小偷也不可能同时拥有同一个拼纸游戏所需的所有碎片了。把碎纸片和最令你恶心的垃圾混合在一起：腌菜、土豆泥、尿布等。更好的一种方法就是把碎纸片冲进马桶里。更更好的则是：烧了碎纸片。当年我住在一个带院子的房子里，我会把所有的碎纸片全倒进一个金属罐子里，点燃火柴。如果你也选择了这种方法的话，一定要记得边上得搁一个灭火器。亲们，安全第一啊！

究竟想怎么毁你的敏感材料，那得看你个人，但是，销毁是必须的。如果不知道一名罪犯是否对于某个特定的信息感兴趣，你就一定要用上你的常识，而且宁可犯错，也应该提高警惕。如果你不想沦为每年数百万个信息被倒卖、出售、挟持、滥用的人当中的一员，你就必须比那个试图抢你的信息的人更快一步。包括比黑社会老大快一步。

HOW
TO
DISAPPEAR

如 何 从 这 个 世 界 消

Chapter

—

第 12 章

从社交媒体中消失

—

如果你一天都离不开社交网络，或者有写微博的习惯，那我只好祝你自求多福了。我觉得这并不是一个好习惯。我从来不希望别人对我的事了解过多。

但是我知道，其实我这个人就是有点……神经过敏。很多人一天都离不开脸书、推特、博客。你们中有些人迫不得已，必须在这些网站上混，因为只有这样，才能保得住饭碗。或许你是一名营销专家，或者媒体编辑，或者你是某个团体的组织者，你必须和客户、读者或观众们打成一片。或许你想时时关注脸书这样的网站，看看有没有人对你评头论足。或许，你生活在阳光之下，因为磊落，你并不担心其他任何人知道你的下落，知道你生活在哪里，你的朋友都有哪些……但是，你还是要确保自己不会招致不必要的麻烦。

我是一个积极的人，我知道社交网络有其阳光的一面，我也会告诉你如何安全地使用社交媒体。正如脸书所言："它是复杂的。"但是，它一样也是有可为的。

我曾经学会了如何在社交网络上隐匿行踪，因为有人花钱请我这么做。我得承认，那是一种不可能的任务，因为通过目标人物的网络行为，我找到了他们的行踪，这种例子可谓数不胜数。有一回，一位怀疑丈夫出轨的女士给我一串她丈夫最喜欢的别名，不出一个小时，我们就在一个约会网站上找到了他，确实用的是其中一个别名。而且，我也经常使用在脸书上找到的号码，自称是目标人物的朋友和家人。我的头脑里依然有这样的脚本："您好，我是 UPS 公司的帕特·布朗，您有一个包裹，但是包裹浸水了。好像退件地址上的名字是斯特凡？斯特凡诺？斯特芬（或者故意念错目标人物的名字）？您什么时候有空在家签收呢？下午三点？谢谢您。还有一件事，我们需要给您和寄件人寄送一份受损包裹通知，但是寄件人地址不详。您可以帮助我们吗？"大多数人都是乐于助人的。

弗兰克的网络原则

1. 你每一次创建新网页或在社交媒体网站上注册时，都要专门申请一个新的电子邮件地址，而且不要在电子邮件地址中透露个人信息。

2. 在选择电子邮件地址或网络链接时，请使用一个外国后缀，如 .co.uk 或 .de。这样人们会认为你身在异国他乡。

3. 如果你需要把其他任何联系方式（如电话号码或地址）在该网站上公布的话，请确保那是一个 JConnect 号码，或者是一个离你很远的邮件转投点。

4. 在互联网上永远都不要使用个人的真实姓名。故意拼错姓名，或者用一个假名，这样会更好一点。

5. 在网站上需要花钱的地方，务必使用储值卡支付。

6. 永远不要相信你在脸书上遇见的任何人或任何事。你可以将其及其竞争者当作茶余饭后的乐子来看，仅此而已。

7. 不要使用脸书和朋友联系，也不要使用脸书来寻找早已失散的至亲至爱之人。打电话，写信，或直接见面。如果你想找到一位老朋友的联系方式，你可以使用在线电话簿，或者聘请一位私家侦探。不要相信你在网上看到的一切。

8. 不要使用社交网站来欺骗你的伴侣或是犯罪！

在社交媒体中可以独善其身，保护个人隐私？我对此深表怀疑。但是，有一天，我的收件箱里出现了一封电子邮件，发件人有意创办一份宗教通讯。这是一个精明、成功的生意人，

他并不希望把自己的精神生活和工作混为一谈。所以，他向我求助，希望我帮他创建一个网上社区，但这个社区与他个人的姓名不能有半点瓜葛。他希望在脸书和 MySpace[1] 上推广该社区，但靠自己没法儿完成。

他的教派不是我的菜，但是，我不会对此评头论足。他不想传播仇恨，而我只在乎《宪法第一修正案》。所以，我接了这个活儿。

我客户的第一个任务就是在全球性免费网站上申请若干个电子邮件地址。他是在网吧上网的，但是，经年累月之后，我逐渐相信，使用笔记本电脑，上免费公共无线网络，其实比任何网吧都安全。你永远都不知道网吧摄像头背后有什么人在观察你，你也不知道是否有人在你所使用的主机上安装了跟踪软件。所以，如果真的希望你的网络活动能够保持匿名，最好的办法还是使用公共无线网络。

接着，我的客户和我购买了储值卡，用于支付与这项事业有关的一切开支：打印机、通讯发行公司、电话、传真、邮箱和网站托管。这个家伙希望能够接听读者的电话，与人分享心得，希望能够收发邮件，但是，他不希望读者知道自己的下

---

[1] MySpace.com：成立于 2003 年 9 月，是目前全球第二大的社交网站。

落。幸运的是，由于有了 JConnect 和私人邮寄公司，这两点都不是问题。

我们在加勒比一带找到并购买了若干个邮件转投邮箱，它们分布于不同的国家。其中一个邮件转投邮箱作为其主邮箱，我们付费购买了其他两个邮箱。这两个邮箱的服务商一收到邮件，就会转投到主邮箱。我们用不同的电子邮件地址和储值卡设置了免费 JConnect 电话和传真。然后我们通过一个热门的网络托管服务购买了一个域名，我们选择的是一个以 .de 为结尾的域名。我们购买的 JConnect 电话号码以及他指定为该通讯的官方电子邮箱看起来都像是德国的电话和邮箱：在美国，购买德国电话号码或电子邮箱地址和购买美国的电话号码和电子邮箱一样方便。

我们把德国的电子邮箱和电话号码发送到了田纳西州的一个印刷店，印刷店老板很乐意为德国的汉斯和格蕾琴·隆纳夫妇印刷这种宗教通讯。接着我们找了美国境内一些小型的发行公司，他们愿意代表"隆纳"夫妇传播福音。一切就绪，就等着印刷了。

但是，首先，弗兰克·埃亨的营销团队要给这一份通讯造一点声势。我去了第五大道，把笔记本电脑连上了某个免费无线网络，申请了十几个假电子邮箱。不到一个小时，我就在脸书和 MySpace 上杜撰了 15 个不同的耶稣迷网页。而且，你们知道吗？他们所有人都表示热爱我客户的通讯。这些"人"同样在不同的宗教博客和留言榜上发帖称他们喜欢该通讯。倾刻之间，有人开始关注我的客户了。

　　我为汉斯和格蕾琴·隆纳夫妇设置了脸书网页，而且为该通讯设置了一个粉丝网页，在该网页上，其所有的忠实读者（比如，弗兰克、弗兰克、弗兰克）纷纷发帖，表示仰慕。接着，我随手找到一个家庭网站，从上面收罗了一摞照片，点击右键，全部保存，然后把它们悉数发在了粉丝网页上（哎，我又多了一个下地狱的理由）。嘿，你把照片挂到网上就是这种后果。像我这样的人只会盗图啊。

　　真的有人（或者至少他们看起来像是真人）最终找到了我的链接和评论。他们对汉斯和格蕾琴·隆纳夫妇的脸书网页以及美轮美奂的家庭照进行了评论，然后他们又跟随我的链接，打开了通讯。为了确保使用谷歌的人可以找到该通讯，我专门使用了一种搜索引擎优化程序——Trellian SubmitWolf。在短短几个月之内，我的客户就拥有了一个人气十足的网站，而且，在这个网站上，你绝对找不到他个人的姓名和信息。

　　尽管有些心不甘情不愿，但是，我还是得承认，要做到我

　　客户做的那些是有可能的，即在社交媒体中创建一个网站，做
自己爱做的事不仅是可能的，而且不会给自己招致多大的危
险。但是，你必须小心、小心、再小心。

HOW
TO
DISAPPEA

如 何 从 这 个 世 界 消

Chapter

一

第 13 章

摆脱渣男的纠缠

一

　　我们必须正视这个问题：约会并非总是浪漫的。人们不是还在卖那些廉价的钥匙链吗？那上面写着："在遇见王子之前，你得亲吻很多渣男吗？"好吧，由于有了互联网，你每个月只要出 30 美元的超低价就能同时亲吻到六或七个渣男。

　　我会说：不用，谢谢！但是，如果对日益扩大的在线约会世界说是，你需要学会使用信息篡改以及某些基本的追踪技巧，这样才不至于有朝一日，你突然发现，死缠烂打者已经来到了你的车道前。以下这些建议是给女性朋友们的，但是在角色转换时，它们绝对也是适用的。

　　要避免遇见渣男，最好的办法就是准备、准备、再准备。你在填写在线个人简况时，上传一张照片。记住，是那种可以复制并修改的照片。不要填写真正的邮编，写一个离你有点距离的城镇的邮编。没必要让人知道你的具体地址。

当所有约会对象们给你写信的时候，你得做好回复的准备。

不要使用常用邮箱。

申请 Yahoo! 或 Hushmail 邮箱，不要留下可能会暴露你身份的信息，比如你的真名和地址等。给邮件清单上的每一个约会对象回信时，都要用一个不同的邮箱。这样的话，如果你不想和某人联系时，只要把账户删除就好。

如果邮件往来正常，你可以开通一个雅虎通账户，然后开始聊天。不过，要抵得住诱惑。不要轻易就把自己的实际情况和盘托出。不要告诉对方你孩子们的姓名或工作的地点。

在经历了一个正常的倾诉过程之后，你或许觉得该和他通通电话了。不要把你的家庭电话或个人手机号给他。

买一个预付费手机，注册为米老鼠，然后打电话给他。

如果发现他其实是一个疯子或变态，只消几分钟时间，你就可以把号码换了。不用担心有人会对你死缠烂打，拼命给你打电话、发邮件、发短信。而且也不用担心，下一次，你去杂货店的时候，他会在那里，躲在堆得和山一样高的香蕉后面，冲着你的瓜直抛媚眼（当然，是你篮子里的瓜）。

使用数据库调查约会对象

如果你想对约会对象进行尽职调查，那么 www.MelissaData.com[1] 就是一个很好的选择。只要点击主页顶端的"查看"按键即可。

在这个网站上，你可以进行的调查出奇得多，而且大多数调查都是免费的：与一个电子邮箱相关的姓名和邮寄地址；反向电话调查；与某个人相关的企业和舍友；通过地址查找竞选捐献；甚至可以查看某个房产估值。

在电话上交流了几回之后，终于到了该见面的时候了。无论是去星巴克还是去迷你高尔夫球场，你都要机灵一点。直接到那里和他会合。把车子停在一两个街区以外，这样他就看不到你是从哪辆车里出来的了。记住：

[1] MelissaData.com：成立于 1985 年，是美国提供数据质量和地址管理解决方案的领先供应商。

如果这个人是一个死缠烂打者，从车牌号他就能看出你住在哪儿。

如果一切进展得十分顺利的话，他可能会故意输球，会去熟食店给你买一个三明治。挥金如土啊。如果这次约会让你很开心，那一切都好。但是，你还没有走出丛林。

此时，你该对王子做一点点尽职的调查了。找找看，有没有一些警示信号说明他是一个渣男。如果他不想告诉你他住在哪里，那么他要么是弗兰克·埃亨，要么已经成家。如果他只会在特定的地点和特定的时间与你见面，那他肯定已经结婚了。如果他的电子邮件和短信每天都是在同一时间发给你的，那么他肯定结婚了。如果你认为他结婚了，或者感觉他结婚了，猜猜会怎样？那他一定是结婚了。

无论他是否让你感到奇怪，你都要到人肉搜索网站中查一查这个人。

在这些网站上，查找一个人的年龄、地址、亲戚的姓名等大多是免费的，而且我们几乎可以肯定的是：这些信息都是准确的。如果他说他只有 35 岁，而网站却说他 45 岁，那么他就是一个混账东西。

在这些搜索中，电话号码一般也会出现。如果你找到了一个电话号码，那么就通过公用电话或者是预付费手机往那个号码打一个电话，看看是否是某人的妻子或是孩子接听的。更好的办法是到提供"反向列表"的网站去查找这个号码，与该电话号码相关联的姓名和地址均会列出。在谷歌中输入"反向列表"，你会发现大约有 60 个这样的网站。你可以选择其中一个，把号码输入其中。它给你的是否是一个真实的姓名呢？那个座机是否登记在放荡渣男夫妇的名下呢？

千万不要花钱去做反向列表调查。许多网站都免费提供这一服务。那些需要收费的网站之所以敢收你的钱就是巴不得你懒到连免费网站都懒得查。

如果渣男先生给了你一个地址，那你就用在线电话和地址回溯服务，如 www.superpages.com，去看看他给你的究竟是一个真实的住址，还是酒吧地址或邮件转投地址。

如果他给了你一个号码，你得去查一查，它到底是个手机号码，还是一个座机号码。你可以到 www.localcallingguide.com 上去查。输入地区代码和交换码之后，该网站就会告诉你它的服务商究竟是 T-Mobile、Verizon、AT&T 还是其他。如果他告诉你，那是他的家庭电话号码，而你却发现那是一个手机号，或者结果发现该电话是一个预付费手机，那么：危险、红灯、警告。他要么破产了，要么结婚了，要么是一个罪犯，要么就是一个纯粹出来撩妹的主儿。啊！

至于电子邮件：电子邮件是无法查证的。大多数电子邮件服务业务都是免费的，且不会透露所有者的身份。但是，你可以把电子邮箱的后半部分（即 @ 之后的所有信息）去掉之后，再把它放入搜索引擎中去找找看。搜索结果可能会让你大吃一惊：网上愤青吐槽、通缉名单等。

我希望读到这一切问题均已迎刃而解了，而你之所以阅读本章就是准备开始在线约会并希望有所准备。如果为时已晚，或者已经有渣男开始纠缠你了，那么很抱歉。但是，你还是继续往下看吧，我还是可以帮得上忙的。

一
HOW

如　何
TO

从这个世界
DISAPPEAR

消　失

HOW
TO
DISAPPEA

如 何 从 这 个 世 界 消

摆脱纠缠者

—

如果你认为有人对你死缠烂打，有一件事必须马上就做，且这才是重中之重：

和当地警察局联系，报警。

当地警察局会安排你到避救中心、互帮互助会或者是马上可以帮到你的组织、机构去暂时避一避。他们帮助过的受害者已经数不胜数了。无论出于什么样的原因，如果你对当地警察心存疑虑或有所顾虑的话（比如，纠缠你的人其实就是一名警察），那么就和检察官办公室取得联系，或者和附近警区的警察局取得联系。

执法部门会站在你这一边的。他们可以帮助你获得限制令，而且，如果那个混账想加害你的话，他们也是唯一可以合法将

第 14 章 摆脱纠缠者

那个混账绳之于法的人。

但是，正如我们所知，哪怕有限制令，纠缠者有时仍然来去自如。而且，哪怕他们受到了惩罚，但是，如果你自己都无法活着看到这一天，那又有谁真正在意呢？我在网上看到，有 20% 的纠缠者最后对受害者们拔刀相向。有些动了真格，有些只是威胁，但是无论如何，我们都希望不要真的走到那般田地。

执法部门能够做的毕竟也有限。这就是为什么你可能需要选择销声匿迹，搬到另一个社区，另一座城市，或者是另一个国家，只为求个安心。我帮助很多人实现了这个目标，在本章中，我也要向你伸出援手。

原则之一：

要把任何纠缠者都往最坏里想。

对于面对这一问题的所有客户，我跟他们说的第一句话就是如此。纠缠你的人现在或许只是发发电子邮件、打打电话，或者冷不丁地来到你家门口骚扰你。或许他只是在威胁你，但是你觉得他暂时不会真的付诸实践。

千万别把这当儿戏。万一他真的这么做了呢？万一他违法了呢？你永远都不知道最初的纠缠最后会演变成怎样一种局面。曾经看似无害的邂逅，或许很快就会演变为暴力。为了你自身的安全，我建议你还是要考虑到每一种可能的后果。

我所接触过的纠缠者可以分为七类。他们所有人都是危险的，应该避而远之，但是针对不同类型的纠缠者，你的应对计划应该略有不同。

纠缠者的类型

被拒型纠缠者：一个不愿意接受"不"这个答案的前任或朋友。你告诉过他，要他离开你的生活，但他就是听不进去。

仇恨型纠缠者：莫名其妙觉得你冤枉了他们，因此恼羞成怒的熟人或同事。他们纠缠你纯粹因为报复心切。

狩猎型纠缠者：眼睛瞄上了你的性犯罪分子。

求爱者：一个自认为是你精神伴侣的爱慕者。

自不量力的追求者：对你一往情深，希望和你往来，但是社交能力不足的崇拜者。

性幻想者：异想天开，认为你已经深深地爱上了他／她。

网络纠缠者：可以是上述任何一种类型的纠缠者。他们主要是通过互联网对你死缠烂打的。

被拒型纠缠者：不希望双方的关系就此结束的丈夫、男友、恋人或柏拉图式的朋友。这是最常见的一种类型，一般要真正甩掉他们、远走高飞难度最大。他们掌握了你大量的个人信息，很可能还去过你家，他们和你的家人和朋友们都见过面。这种纠缠者在两人的关系走向结束之前，可能打探过你的很多事情。所以，你要做最坏的打算：他们很可能对你留在屋里的每一个信息、日记里的内容以及和朋友们私聊的内容都了如指掌。

我们不难想象，被拒型纠缠者会回过头去向你的家人和朋友寻找更多的信息。告诉你所认识的每一个人：这个人很危险，而且他已经成了你生命中不欢迎的人。

其他类型的纠缠者可能对你的了解还不够，但是，反之亦然，你对他们的了解可能也还不够。你不知道他们会上哪儿寻找更多有关你的信息。你也不知道什么会激怒他们，什么会让他们对你抱有幻想。你不知道他们会不会突然发飙，会不会突然动粗。你也不知道哪天半夜他就会出现在你家里。我在网上挖掘出了这样一个数据：4/5 的纠缠者会用不止一种方法来纠缠受害者。所以，在面对纠缠者时要机灵一点：有备无患。

不论纠缠你的是什么类型的纠缠者，你都需要做五件事让他们远离你的生活：换掉通信方式、改变理财方式、改变个人信息，改变个人住址（如果他们知道你的住址，你一定得搬离是非之地）、改变生活方式。以下，我逐一说明。

1 改变通信方式

预付费手机会成为你最有价值的工具。找一家不知名的手机零售商（这样你的名字就不会出现在那些大型的、全国性的但又特别好骗的公司的通信录里），尽可能多购买几部预付费手机。如果有可能，家里每一个房间都放上一部，而且每一部都设置好同样的一个语音留言："你好，我的名字是 _____，有人纠缠我。我住在（你的地址），本电话仅用于紧急呼叫。如果您听到这个留言，请速派人前来营救。"这样的话，如果纠缠者找上门来，对你发起了攻击，抢走你的电话的话，接线员马上就会知道发生了什么事。

再买两个预付费手机用于非紧急情况下的私人通话。购买所有手机时务必使用现金；把发票撕碎，扔进公共垃圾桶里。一部手机用于接听来电，另一部手机用来打电话。如果这么做不可能，那你只好请家人、朋友用预付费手机找你了。

要经常更改手机和手机号，把 SIM 卡从手机里取出，冲进马桶里，然后把手机扔到离家很远的垃圾桶里。

不要使用旧手机，但是不能停机，尤其是如果纠缠的人老是打电话骚扰你，并留下威胁性的信息的话。一旦知道你的旧手机停机了，他就会去寻找新的号码。让他留下那些长长的、疯狂的语音留言。把它们录下来，作为呈堂证供。

在打电话时，你还有一种工具可以使用，那就是来电身份伪装卡，它可以改变接电话的人手机上显示的号码。如果纠缠你的是被拒绝型纠缠者或者你怀疑接电话的人会把你的电话透露给纠缠者时，你就可以使用这种来电身份伪装卡。你在使用了来电身份伪装卡之后，如果接电话的人拨打＊69，那么电话录音中就会报出虚假号码。有一些＊69服务会让你按一个键，就可以连接上刚才拨打的电话号码。而且，可以肯定的是，你用来电身份伪装卡打完电话之后，某个人如果使用了＊69服务，那么他就会拿到你预先编好的假号码。

小心使用免费电话

在拨打免费电话时，哪怕你有私人号码或是受限号码，你的号码仍然会在来电号码中显示出来。拨打所有免费电话时都请使用来电身份伪装卡。

你也必须改变发送电子邮件的方式。这并不是什么新建议，但是它行之有效：使用谷歌邮箱之类的免费、匿名邮件服务，这个邮箱一定要有"存草稿"功能。把邮箱密码告诉和你最亲近、最爱的人，你们的交流方式就是保存草稿，而不必发送邮件。只在有免费公共无线网络的地方上网，或者是从移动服务商那里购买预付费无线上网卡。

如果纠缠你的是一个网络纠缠者，那么你就要特别小心自己的网络活动情况了。你要使用我在"信息篡改"一章中描述的技巧来抹去所有的数字足迹。尤其要远离社交网站，请家人和朋友不要再关注你并请他们删除你所有的照片。毋庸置疑，如果纠缠者是你们的熟人，那他们还应该删除纠缠者。

在离开社交媒体之后，你要给所有的朋友和熟人发一个信息，告诉他们有人在纠缠你，告诉他们如果有人打听你，千万不要把你的信息给他们，而且如果有人这么做时，应该尽快报警。

网络纠缠者的嘴脸

最近一则新闻标题吸引了我的注意，那是一则关于娱乐与体育节目电视 ESPN[1] 的体育新闻主播史蒂夫·菲利普斯（Steve Phillips）的报道。史蒂夫 22 岁的小情人突然变得神经质，开始纠缠他的妻子和 14 岁的儿子。她在一个即时短信服务平台上冒充他儿子的中学同学，发短信询问他一些隐私问题，如她父母的婚姻状况等。然后她又想添加其为脸书好友。

从史蒂夫儿子的警局笔录来看，很显然，在他心生疑虑之前，她已经套出了很多信息，虽然他也觉得她的问题有些咄咄逼人或莫名其妙。

这则故事告诉我们：如果你的亲朋好友不知道有人纠缠你，他们就不会意识到他们正把你所有的个人信息都双手供奉给狩猎者。必须让他们知情！

最后，你应该改变普通信件的投递方式。你不希望纠缠者径直走过来，从邮箱里把你的邮件取走吧？在你所在的城市租用几个私人邮箱：一个用来取代家庭邮箱，另一个用作储藏

---

[1] ESPN：24 小时专门播放体育节目的美国有线电视联播网。

箱，用于存放你的手机、储值卡以及为了甩掉纠缠者你所需要的其他所有文件。

现在你有了一个安全的所在，你可以把账单都寄往那个地方，你做好了准备，可以改变信用卡和银行账户信息了。

2 改变理财方式

与你的信用卡公司联系，将账单寄送地址更改为其中一个新邮箱。如果可以的话，最好停止使用纸质账单，改为无纸化账单，但是要记得更改信用卡公司存档的邮寄地址。

信用卡公司肯定会要求你提供电话号码，我建议你提供警察局或妇女避救中心的号码。警方的号码会让追踪者觉得你是一名警察，而妇女避救中心的号码则会让一个有良知的追踪者心生疑虑，对客户的一面之辞产生怀疑。只要其中一种方式奏效了，那么追踪者有可能就会放弃追查了。

你在联系信用卡公司要求他们更改你的信息时，要告诉他们，有人在纠缠你。你要特别要求信用卡公司在电话中透露你的任何信息之前，务必确认所有细节。为了确保客服代表真正把这事儿放在心上，你要说得极端一点：告诉他们，纠缠者扬言要杀了你，虽然现在他还没有得逞。

弗兰克的哲学

危难关头，该夸大其辞还是得夸大其辞。

信用卡公司可能会主动提出要提高你的账户的安全性，比如每次有人用卡时就会发短信通知你。不要这么做。如果纠缠你的人渗透进了你的手机账户，他可能会对自己的手机进行设置以拦截你的短信。如果真的如此，那他就会通过消费记录，判断出你所在的位置。

接下来要改变你的银行信息。打电话给银行，要求更改邮寄地址和电话号码——同样也使用邮件转投邮箱和警察局的电话号码。如果纠缠者知道你上班的地方，那么请申请直接存款，这样，你就不用到银行网点兑换支票。如果他不知道你上班的地方，那你就得改变支票兑换方式，不让他有机可乘、冒充你向银行咨询、借机找出你雇主的名称。到支票兑换店兑换支票，然后把钱存入一台离你的办公室或家庭住址都特别远的 ATM 机。

如果可能的话，尽量不要去银行。去买一张预付费维萨卡或万事达卡或者礼品卡，到零售商店或便利店去充值。

3⟩ 改变个人信息

如果纠缠者知道你住在哪儿，你可能就得考虑搬家了。我认为这是个很好的办法。但是，在搬往新家之前，我觉得你可以运用我在"信息杜撰"一章中介绍的技巧来进行自我保护。

布下尽可能多的假线索，让纠缠者跟踪。只有在纠缠者忙于追寻这些线索的同时，你才有机会悠闲地打造新生活。

信息杜撰救了很多人的命，这是我亲眼所见。其中一个生命属于我的一个客户，我们姑且称其为戴娜。

4⟩ 戴娜

戴娜是一家小型企业的老板，她的在线广告引起了一个暗恋者的注意。暗恋者一再威胁她，事情越闹越可怕，戴娜决定打点行装，走人。她告诉我，尽管销声匿迹十分乏味，而且也是一种牺牲，但是只要她能够甩掉这个人，还是值得一试的。

纠缠戴娜的人有点麻烦，因为那个人很有钱，他一掷千金，花了数千美元请了私家侦探，要求侦探找到戴娜的下落。那个家伙很有钱，而且非常疯狂。这意味着，仅仅把电话簿上她的个人信息删除，再买一幢新房子，还是远远不够的。信息篡改、搬离旧居、彻底布下迷魂阵，所有这些流程她都必须一一走过才行。

我们花了几天时间梳理了戴娜所有的公共记录，只要有可能，我们都删除了。我们打电话给其电话公司和水电公司，告诉他们，名字弄错了；她的真实名字是"唐娜"。我们将与其账户有关的所有地址和电话都改成了当地一个妇女避救中心的联系方式，刻意将其行踪一路标红，期望能引起有良知的调查者的关注。

接着，我们坐了下来，我们在想，纠缠戴娜的人究竟会聘请什么样的私家侦探呢？纠缠者有的是钱，如果有私家侦探反对进行非法调查，他马上就会让这个私家侦探走人，一个个地请过去，直到他找到一个称心如意的私家侦探为止。

所以，我们得做好准备，我们要面对的人可能会对戴娜进行各种搜索，合法也好，非法也罢：机动车使用记录、征信报告、座机和手机通话记录、银行对账单、医疗记录和信用卡交易记录等。大多数私家侦探是不会触及这些调查领域的，但是有钱能使鬼推磨，有的人有了钱，什么事都干得出来。

正如我们所知，信息杜撰由三个部分所组成：鱼钩、鱼线和鱼饵。对于鱼钩，我们想把戴娜的追踪者引向密歇根的伊普斯兰提。从那里，我们要狠狠地把他们耍上一通。

戴娜自己一个人去了一趟伊普斯兰提。她用现金买了机票。如果跟踪她的人聘请的是一个真正优秀的私家侦探，那么他在信用卡账单上看到购买机票的记录时，一定会觉得其中有诈。我们就是要让他觉得我们是在刻意掩饰我们的行踪。

到了伊普斯兰提，她做的第一件事就是找房子。她对其中一套表现出了深厚的兴趣，房产中介给了她一份更为详细的小册子，包括房子的地址。那天下午晚些时候，房产中介对她进行了征信调查——这是留给私人侦探的第一个假线索。

戴娜回到租来的车上，关上了车门。她拿起手机，拨通了我写在一张纸条上的电话——当地电业公司。她的通话内容如下：

戴娜：您好！我叫戴娜·里基。我打算搬进新居，我想开通电业服务。

客服代表：当然！您的地址是？

戴娜（照着宣传小册子上的地址读了起来）：密歇根伊普

斯兰提西十字街 850 号第 X 号公寓，邮编 48197。

　　客服代表：好的。

　　戴娜：请把账单寄到我的办公室。

　　客服代表：当然可以。您的办公地址是？

　　戴娜读出了一个假地址。

　　客服代表：谢谢。您的联系电话是？我们需要添加到您的账户上。

　　戴娜给了她一个电话号码，那是当地妇女避救中心的号码。

　　客服代表：谢谢。

　　戴娜和客服代表同时挂上了电话。她希望电业公司也会对她进行征信调查，再给私人侦探留下一条虚假线索。

　　接着，戴娜拨通了电话公司的号码，申请开通新居座机。同样的，她也给了虚假的账单寄送地址，这回，她给的联系电话是当地枪支俱乐部的电话。这是给私家侦探留下的另一个警示信号。电话公司读出了她的新电话号码，然后感谢她的惠顾。

　　戴娜接下来拨通的电话号码是有线电视公司的号码。她提供了她的"房子"的地址，联系电话则还是她提供给电话公司的号码。

　　戴娜现在已经开通了居家生活必备的所有服务。当然，她永

远都不会搬进那个公寓，也不会打电话给当地的房产中介说自己
已经没有兴趣了。同时，她也没有取消电话公司、电业公司或有
线电视公司的订单。所有这些账户信息都会存在数个月时间：订
单未完成，但是档案中会记录社会保险号、联系电话号码和账单
寄送地址。这都是留给纠缠者聘请的私家侦探的诱饵。

　　戴娜点火启动车辆，开去几英里开外的一家银行。在银行
排队等候时，她环顾四周，寻找一个小小的标识。有这个标识
则说明银行会使用一种背景调查服务，以调查客户的透支记
录。是的，真的有。她笑了。

　　她到了窗口之后，提出要和支行经理谈一谈开立新账户的
问题。经理很乐意帮忙。她知道经理会在调查系统中输入自己
的名字，看看她在其他银行是否有过透支记录等。假冒他人使
用这种检索系统是违法的，但是，她知道，纠缠她的人会找一
个私家侦探，这个人才不管什么合法不合法。他只要找到了这
个支票账户，就一定深信不疑，她真的搬到了伊普斯兰提。

　　和经理聊完之后，戴娜要求开通银行卡，并要求银行把银
行卡寄到私人邮件转投邮箱。她一拿到临时支票簿后，就去了
趟当地的超市，办了一张超市会员卡。在伊普斯兰提生活所需
的几乎每一种服务，她通通都办理了。她一拿到自动柜员机银
行卡，就开立了一个录像店账户以及当地书店账户，使用的都

是"她"在伊普斯兰提的公寓地址。事无巨细，她一一梳理了一遍。

最后，戴娜飞回了家乡，开始为搬往真正的目的地做准备了。但是，她现在可以轻轻松松地打理这一切了，因为纠缠她的人以及他所聘请的私家侦探们正在挖空心思地查找她在伊普斯兰提的下落了。尽管她预约了要开通了水、电服务，但是，师傅上门安装时发现公寓没人，就会取消订单。这样她就不需要支付任何水、电费。戴娜去了一个无人知晓的地方，而且在我的指导之下，在接下来的几个月中，她的母亲和妹妹隔三岔五地就会打电话给伊普斯兰提以及其他美国城市的房产中介、餐厅和住宅区。如果私家侦探拿到她们的通话记录的话，他很可能会因为心力交瘁而号啕大哭。

戴娜的家人也很乐意打电话给各种妇女避救中心和各种各样的救助热线。我们一而再再而三地给纠缠者聘请的私家侦探机会，希望他们能意识到他们是在和犯罪分子合作，尽快悬崖勒马。幸运的话，其中部分私家侦探可能把调查结果打了出来去找客户，把它们狠狠地甩在客户脸上，或者甩进了某个黑暗的角落。

戴娜如今依然是安全的。纠缠者最终放弃了对她的追踪。

信息杜撰奏效了。

如果纠缠你的是一个不到黄河心不死且有暴力倾向的暗恋者，如果你有钱或者能借到钱，和戴娜一样布下一个彻底的迷魂阵，那么尽管放手去做吧。

5）改变个人住址

你一旦掩盖了自己的行踪，误导了追踪者，那就可以着手寻找新的生活之所了。幸运的话，纠缠者不会尾随而至。

最安全的搬家方式是成立一家公司，说服房东，名义上把房子租给这家公司。

把水、电和有线电视都放在公司的名下，如果这些公司要求你提供具体的名字，那你就故意拼错，并给他们一个假的联系号码。

把车也归入新公司名下。把车辆和车辆保险的注册地址都写成你的私人邮件转投邮箱地址。如果车辆还有贷款，还不完全属于你个人，那就把贷款的地址更改为一个私人的邮件转投邮箱地址。寄送车辆信息的邮件转投点你千万别去。请邮件转投点的主人把你需要的所有邮件都转寄到你指定的不同邮件转投邮箱就好。为什么呢？因为随便找一两个借口，追踪者很容易就能找到机动车辆记录和汽车贷款信息。所以，对你而言，它们都会是你重大的突破口。

在真要远走高飞的那一天，我建议你还是要时时密切关注纠缠者的动态：

聘请一名私家侦探，对纠缠者时时进行监控。

如果请得起的话，再请一名私家侦探在你家附近偷偷保护你，看一看是否有人在监视你的一举一动。如果纠缠你的人本人并不在现场，那他很可能派了代表来。

切断旧家的电话线、电和有线电视服务，为新家向完全不同的公司申请相关服务。不要申请"移机"服务，不要把水、电等迁往新家。一个优秀的追踪者随便找找借口，很容易就知道你搬到哪儿去了。

取消已订阅的所有杂志。到了新家之后，也不要重新订阅。订阅杂志也会成为你最大的弱点之一，尤其是面对一个被拒型

纠缠者时，因为他知道你喜欢阅读什么样的杂志。到 7-11 给
预付费手机充值时，顺便在报架上买一本杂志就好。

⑥ 改变生活方式

你一旦安全地搬到了新家，或者在原地开始了相对低调的
生活，都应该小心翼翼地开始自己的新生活。第一步是把自己
介绍给邻居们认识，让他们知道有人在纠缠你。如果有纠缠者
的照片，就给街坊四邻看一看。如果有保护令，也给街坊四邻
看一看。告诉他们，如果他们看见纠缠者在附近鬼鬼祟祟，请
他们尽快报警。

还要让所有的亲朋好友们看一看纠缠者的照片和保护令。
如果你有孩子的话，把照片和保护令也给学校、老师和日托中
心的人看一看。好心人提醒得越多，你就会越安全。

接下来，请当地警察局的警官过来一趟，对你的新居进行
"安全检查"。警官会告诉你哪儿会是你的弱点。

如果你住在一个住宅区里，物业经理有公寓的备用钥匙，
那就要和物业经理解释一下你的处境，并告诉他，未经你允
许，不要把任何维修工或是其他任何人带到你家里。把照片和

保护令让经理看一看，并要求他时刻保持警惕。

千万不要把订阅的报刊杂志、账单和其他可能会暴露你身份的信息放入垃圾箱里。如果你有车库的话，要多利用车库，并保持车库的整洁，杂物不要堆积如山，这样，攻击者就无法藏身于一堆堆的箱子或是旧机器后面了。更好一点的是，在车库里安装一个警报器，这样的话，在关上车库门的瞬间，如果纠缠者尾随了进来，你就可以按响警报器。

如果你有医疗保险，需要去看病、看牙、做理疗或是接受其他任何专业医疗服务，最好能够到几个城镇之外的医院去看病。你的保险记录会暴露你所在的位置。到夫妻老婆店式的那种小药店去开处方药，更理想一点就是到几个城镇之外的药店去开药。我知道这确实有些麻烦，但是：

行动与位置之间的迷惑多少，对你而言，可能就是生死之别。

如果你计划去度假，不要使用很容易就搜索到的常旅账户。你的旧账户上可能还剩下一些里程数，但是你必须忍痛割爱。你可以把里程数给自己的亲朋好友，也可以把它们给国内其他和你同名同姓的人使用。

租车？无论如何，你都不能把自己真实的电话号码提交给汽车租赁公司。汽车租赁公司是通过电话号码来检索账户的，我在寻找一个旅行中的人的位置时，就经常从汽车租赁公司入手。我经常冒充目标人物，拿着目标人物的电话号码去找汽车租赁公司。一眨眼的工夫，她所有的信息，包括航班和酒店细节统统就会被我拿到手了。有一些信息你是万万不能提供给汽车租赁公司的，哪怕是它们问了也别给。随口编一下就好。

弗兰克的哲学

如果担心自己的安全，在拿捏不准时尽管撒谎。

如果你是超市折扣俱乐部成员，你一定要记得修改会员卡上个人姓名的写法和地址，此后不能再使用会员卡了。私家侦探可能会找到你购物的地点，甚至会从账户中找到一些银行信息。

不要通过邮购公司购买任何东西，但是，如果出于某种原因，你非这么做不可的话，那就使用储值卡，在订单上故意拼错自己的姓名，然后把东西寄到你的邮件转投邮箱。

7）个人安全

无论最终是否搬家，你应该尽可能保证自己的家和周围环境的安全。在家里安上一套警报系统，并装上监控探头。如果工作时要用到电脑，那就让网络安全部门和老板安装一个实时网络监控系统，这样你就可以全天候实时监控了。

如果工作单位有安全部门，那就把你的处境告诉安全部门的领导。必要时，也提醒一下你的上司和同事们。让大家看看纠缠者的照片，并告诉每一个同事，不要在电话里透露你的个人活动或日程的任何细节。

时不时地要改变一下日常安排。不要老是两点一线往返于同一条通勤路线。骑单车、慢跑、走路时，每天都要记得使用不同的路线，而且要保证这些路线上行人多且灯火通明。你也可以请一个人和你一起锻炼、一起上下班，这样会更安全一点。

集中注意力，寻找途径，将每一次与纠缠者的不期而遇记录下来。如果纠缠者威胁过你，或者对你动过粗，但你并没有把相关事件记录下来的话，那么你还是要到就近的警区，和探长们聊一聊，让警方也了解究竟是怎么回事。如果警方无法对纠缠者采取任何行动的话，至少他们事先也应该了解情况，接着警车就会更加密切地监控你的房子了。

如果你试着改变了自己的电话，但纠缠者却一而再再而三地找到了你的新电话的话，那很可能是因为纠缠者聘请了侦探社，获取了你的新手机号。使用谷歌搜索一下每个州的私家侦探协会，给他们发封邮件，并请求他们把下述信息转发给其会员们：

紧　急

我的名字是 _____。有人对我死缠烂打，此人还不断聘请私家侦探来寻找我的下落并获取我的个人信息。如果这个人来找你，请尽快向警方（当地警探的名字）举报此人。此事生死攸关。谢谢！

大多数私家侦探会注意到这个信息，在纠缠者与之联系时，他们也能助你一臂之力。

过去我也常常和私家侦探们一起共事，帮他们找人。有时候他们一给我一个名字，我就会发现苗头，知道又有人死缠烂打了。我看到这些苗头的时候，就会提醒私家侦探，警告他们不要再追踪了。无独有偶，一个小时之后，就会有另一名私家侦探来找我，请我做同样的事情。如果他们确信，找他们的人是个纠缠者的话，那么大多数私家侦探会立马终止合作的。

纠缠者每一次骚扰你的时候，只要有可能，你就应该去寻求帮助。但是，如果无法获得帮助，你也要懂得如何保护自己。在当地找一找，是否有自卫术学习班。如果你没钱参加这些课程的学习，那就去当地的跆拳道馆，把你的情况和老师说明一下。大多数老师是会帮你的，至少会教你几个基本的招数。请记住，追踪者中流传着一句老话：好事多磨。第一个人也许不愿意帮忙，但是下一个人说不准就帮了你。不要灰心丧气。多试几个地方，多问问。

不要担心找人帮忙会有多麻烦。我经常帮助被纠缠的人，有时只收象征性的费用，有时甚至分文不取。还有许许多多的人会这么做，包括锁匠、保安和私家侦探等。

如果你发现家门口或邮箱里有个来历不明的包裹，马上报警。安全第一，以免追悔莫及。如果警察了解你的处境的话，他们就会完全明白是怎么回事。如果有人打电话和你联系，说是银行工作人员、信用卡公司或者是国家税务局工作人员，千万别给他们提供任何信息。也不要在电话里承认你就是你本人。你先要一个回电号码，再获得尽可能多的信息，然后告诉

客服代表"有人"会回电。然后上网去查看一下网络上是否有
该号码，或者请一个友好的私家侦探去查一查这个电话号码。

请牢记以下信息

不幸的是，反纠缠专家们一致认为，并没有一种单一的行
动可以结束你的噩梦，或者完全保证你的安全。但是，和我
交谈过的专家和受害人都认为以下的一些安全准则是至关重
要的：

纠缠者渴望得到他人的关注，所以千万不要和他们针锋相
对或者冲他们大声嚷嚷。千万不要请亲朋好友出面和他们协商。
这是执法部门的工作。

千万不要开前门，除非你知道门外站的是谁，而且你知道
自己是百分之百安全的。

如果找不到钥匙了，哪怕你认为自己只是把钥匙落在某个
地方了，也要马上换锁。

网站会改变，所以你可以以"摆脱纠缠"作为关键词，在任何搜索引擎中查找可以让你更深入了解纠缠与家暴信息的网站，并了解如何面对这些问题。你还可以拨打（202）467-8700 或者访问 www.ncvc.org，与全国犯罪行为受害者中心（National Center for Victims of Crime）取得联系。

祝你好运。

一

HOW

如 何

TO

从这个世界

DISAPPEAR

消 失

HOW
TO
DISAPPEAR

如 何 从 这 个 世 界 消

Chapter

—

第 15 章

漂洋过海

—

自由不只是有机会去做自己喜欢做的事情；也不只是有机会在既定的方案中做出抉择。自由，最重要的，乃是有机会建构抉择选项，争论其优劣——以及，接下来的选择的机会。

——赖特·米尔斯

你知道那句俗语吗？——"既来之，则安之。"是的，我们中有些人是认同这种说法的，前提是来到彼处的只有我们自己。

许多人幻想放弃一切，追求"椰风海韵般的生活"，也就是我所说的境外生活，但是很少有人坚持到底。他们认为这是无法企及的目标，因为他们认为老问题会伴随着他们来到新家。

境外生活不只是富人的专利。它不仅可以实现，而且其乐无穷。我已经做到了，在本章，我要告诉你如何实现这个目标。无论漂洋过海，是为了保护财产、减税、摆脱追踪者或只是想沐浴些阳光，我都有能力帮助你。

税收这个问题我不打算讨论，因为我和收税"老大哥"也有过节儿，而且我不是税务专家。我的建议是，看完这本书之后，找一位好的税务律师，他可以帮你轻松而又合法地过渡到椰风海韵世界。

长话短说，我们出发吧!

什么样的人可以享受椰风海韵？

椰风海韵和离岸金融业的名声特别不好。我和经验不足的客户讨论离岸金融业时，他们想当然地认为那是见不得人的勾当。

在这个星球上，无论你去什么地方、做什么事，都会遇见好人和坏人。是的，罪犯和洗钱者常常使用海外账户。但是，独立思考者、世俗的冒险家和自由主义的铁杆儿粉丝们也会这样做。在我漂洋过海，在海外打拼的过程中，我一样遇到了很多高尚且志同道合的人。

境外世界是消失中的狂野西部。那儿的规则瞬息万变，那儿的人是你这辈子见过的最有趣的一些人。这种生活方式极注重个人自由，意味着你要选择活得光明磊落还是厚颜无耻。

做足功课，尽量多读一些境外生活的书籍。然后，做出正确的选择。

在你决心前往任何地方之前，我建议你联系一位专业人士，讨论一下国外哪些国家最适合你。物色一家搬迁公司或一本出版物，它们可以帮助人们搬迁到自己喜爱的国家（其中，我个人最情有独钟的是 Parler Paris 网站，它可以为你提供迁往光明之城所需的一切信息。详情请登录 www.parlerparis.com）。

正式漂洋过海之前，先去那个国家看一看。这种事只有白痴才做不到，但是我听说过太多恐怖故事了。一些人事先没有了解，单凭满腔热血来到了梦想之地，殊不知最终为此付出了惨痛的代价。

国家选定之后，如果有能力，就请一位当地律师来帮助你安家落户。如果有可能，请在该国的朋友或生意伙伴推荐一位。如果仍在学习该国的语言和习俗，有了律师，你也不至于落入对你虎视眈眈的推销员布下的骗局中。

购票小贴士

无论只是去那里踩踩点，或者是做一去不复返这样的大动作，你都不要直接前往海外新居。先买一张去某个偏远机场的票，然后再买一张去另一个机场的票，再买一张从该机场到你目的地的票，尽可能选择一个你能找到的、最小的且路线偏僻的航班（当然，要在合理的安全范围内）。为了确保安全最大化，请用不同的储值卡分别购买每一张票，使用不同的预付费手机直接打给航空公司预定机票。

在你落地之后，要解决的第一个问题就是住的地方。个人认为，在国外，应该先租房，后买房。购地者要特别当心那些所谓白菜价的海景地产。地确实就在沙滩上，但是，沙滩上的地能盖房子吗？自来水、电怎么办？在这个新天堂里，或许劳动力成本低廉，但是物资和运费就不一定了。有些国家生活成本之所以如此之低，原因就在于此。

千万小心，别上了当地房产中介的当。我认识一个人，在中美洲购买了一套高级公寓。确实是在海边：无敌海景房。他付了 8 万美元，觉得特别合算。后来他才了解到该公寓的实际价格是 8 万元当地货币，比他的买入价整整低了 40%。

多问问题：新房子有互联网吗？网速是多少？那里有手机信号吗？如何收费？在公寓里安装一部固定电话以备不时之需，这样，万一最后手机服务不靠谱还有个备用电话。

垃圾有人处理吗？街道清洁呢？我们习以为常的基本服务在异国他乡并不总是可以实现的。

在你的新国家，占屋者也会是一个问题。有些人不在的时候，会专门雇一个管家或其他人住在他们的房子里。在购买房产前，你应该认真了解当地的占屋法。

你需要了解的第二个问题是医疗服务。你要对自己所选择的国度的医疗体系做一些调查，以确保能够获得适当的医疗服务。当地或许有基本的医疗保障，但重症救治水平欠缺。那么，你心脏病突发、身患重症或严重受伤时，如何救治呢？会被送到何处救治呢？

和保险公司确认一下，在国外生活是否会影响医保范围。看一看当地都有哪些药房？这些药房是否能开你的处方药？如果不可以，那把你的药从美国寄到这个新国家是否合法？如果药寄不过来，你还能存活吗？

牙科和眼科的情况如何？是否有牙科和眼科？到达新国度之后，一般是需要一些医疗服务的。即使你很健康，你也需要自我调整，适应该国的天气、饮食、细菌和疾病。医疗条件不足会把你境外生活的美梦变成一场终极噩梦。

如果你有孩子，孩子们的教育怎么办？如果新国度的学校教育有失水准，你愿意为他们提供家庭教育吗？另外，你已经整合了家庭教育所需的所有资源了吗？如果优质学校离你很近，他们会尊重你在隐私和自由决定权方面的家庭期许吗？不要让孩子们的未来打了折扣。你要确保新家对他们来说也是非常合适的。

如果你坚信在你选择生活的地方，家人的医疗有充分的保障，各方面的服务也有充分的保障，那么接下来要调查的主题就是公民身份和合法居留权了。通过调查其税务结构、金融安全和政治稳定，对该国进行尽职调查也是至关重要的。你认为，在未来几年，这些将会发生怎样的变化？有可能发生政治动荡、通货膨胀抑或经济萧条吗？好不容易逃离了自己的国家这艘行将沉没的大船，三年之后却重回原点。这恐怕是你最不想看到的事吧？

在一些岛国，获取公民身份并不是太难。有几个国家甚至打出了这样的营销口号：我们是境外避难所。只要你达到了一定的年龄，而且在该国银行的存款达到了规定的金额，即可获得第二护照。有第二护照，确实可以和朋友们炫耀一番，或者你也可以用它来撩妹，但是它对你并没有多大的用处，尤其是你想低调生活、不想引人注目之时。既然已经费尽心机，把与你有关的种种公开信息减到了最少，你又何苦再为自己增添新的公共记录呢？对此，我是反对的。

生活状况处理好了，接下来你需要考虑的是：如何维持生计？无论你是打算靠现有收入或公司生活，请确保你能成功实现对自己收入的控制。

如何产生收入取决于你自己。也许你刚刚赢得一场官司或是中了彩票，接下来打算靠这笔意外之财生活。也许你喜欢你在美国的工作，想继续在同样的领域工作；也许你曾计划开创一个新行业——向着那个梦想启航吧！

曾经有一位客户一直痴迷于手表，移居到马德里之后，他开始在 eBay 上做起了卖表的生意。从未做过生意的他一下子挣了数千美元。顾客们通过 PayPal 匿名支付，并且咨询了他许多手表方面的问题，所以他最后决定写一本关于手表的电子书。这本电子书产生的版税几乎是他收入的三倍。而且永远也不会有人知道他住在马德里。

即便是在互联网泡沫破裂十年之后的今天，互联网上仍然遍地是黄金。如果态度正确，你很快就可以赚到大把大把的钱。找一个你感兴趣的网上生意，让自己忙起来。

　　一些国家（大多是热带岛国）允许成立国际商务公司（IBC），这样你就能开立银行账户，可以在你的祖国做生意，而且不用缴纳地方税。在大多数国家，开办一家公司的花费约为 1000 美元。成立国际商务公司也是低调生活的上佳之选，因为你可以把公寓和银行账户注册在该公司名下，隐藏自己的名字和身份，从而避开国际权威机构和窥探你账户的人。

　　如果打算创建一个与你的国际商务公司绑定的网站，你最好去网站托管公司看一看，了解一下它的运营状况。当年，我把网站设在了海外，我遇到了一些问题，主要是因为该网站托管公司技术支持部门人手不足。

　　一旦挣到了钱，你打算如何理财呢？金融理财将会是你考虑的下一个问题，尽管我敢确定，在这一方面，你已经远远超过了我。我姑且对你多一点信心，认为你足够聪明，能够赚到钱，而且也知道怎样寻找一家既安全又有保障的银行。在职业生涯中，曾经一度，我把钱存入了境外银行。我遇到了两个问题：我选择的银行的每项交易收费都很高，而且支票兑现的时间也比一般的银行长。最后，我找到了一家较好的银行来满足我的需要。

　　在境外处理财产的最佳方式只有你自己知道。在离开祖国，远走高飞之时，你可能没有听说过，还有一种选择叫数字货币交易。在境外生活期间，你肯定会接触到数字货币交易的。

　　数字货币，名词：由黄金、银币或其他一些账户支持的国际化电子货币形式。支持者，像伦敦黄金交易所的人，将它捧为"网上银行业务的未来"，但是现在，它广泛应用于洗钱和不可告人的目的。

　　对于数字货币，我的感觉是喜忧参半。提供数字货币的公司均为国际权威机构密切监管的公司，其中许多公司因为不合法行为已经倒闭。老大哥对数字货币心存疑虑，对涉足其中的人也深感不满。谁会没事找一种让自己头痛的东西？你没必要瞎操心，去考虑什么数字货币，对此我还能想出二十多个理由，但是你比任何人都清楚你的经济状况，所以我还是把决定权留给你吧。

　　我想说的只是"小心遵守国际法"。你知道无名传唤是什么吗？如果不知道，现在就了解一下。

　　无名传唤，名词：即对身份不明的人进行法庭传唤，例如：匿名作者、博主或境外金融家。美国国税局可无名传唤境外银行，以确认银行客户的身份。

　　我在境外存款时，遭到了无名传唤，这可不是闹着玩儿的。请一名律师或阅读国际税法相关书籍，以确保理财方式的合法性。不要低估美国国税局的威慑力和权力范围。

　　生计、公民身份、医疗、生意和理财：一旦把这些细节全都设计得妥妥帖帖之后，你就可以朝着全方位境外生活进发了。你将加入一个杰出的群体，这个群体由具有隐私意识的移居海外人士所组成，他们有时自称是"PT"。这个缩写代表的意思很多，包括永久游客（Perpetual Tourist）、兼职旅行者（Part-time Traveler）或先前的纳税人（Prior Taxpayer）。如果你上网搜索关于境外生活的信息，你可能会发现这个术语出现的频率很高。

　　拥抱 PT 生活方式的人注重个人自由和私有财产，而对于与政府有关的一切事物则极不信任。我就是这样一种人。美国国税局查我的账的时候，我才恍然大悟：我在美国挣到的钱并不是真正属于我的，因为我生活在美国这样一个政府独揽大权的国度里。这个经历使我眼界大开，也让我对一些人刮目相看：他们不触犯任何一条法律，却夺回了对自己的生活和财富的掌控权。

　　PT 们经常谈论所谓的"生活标记"。这里其实涉及了两大理论，即如何既在海外生活，同时又能将政府干预降至最低。

其一是三标记理论（Three Flag Theory），该理论由投资大鳄哈利·舒尔茨（Harry Schultz）[1]提出，在 20 世纪 60 年代颇为流行。其二是五标记理论（Five Flag Theory），是 W. G. 希尔（W. G. Hill）[2]对三标记理论所做的补充。

生活标记

三标记理论

哈利·舒尔茨写道：我们可以按三个标准组建国际家庭：

1. 公民身份

公民身份和护照所在国应为不对境外收入纳税的国家。

2. 商业基础

在企业税低的地方挣钱。

3. 像游客一样生活

找一个有法可依，商业惯例与习俗与你的价值观相同的地方。在那里，你可以以你选择的方式合法地生活和工作。

五标记理论

W.G. 希尔认为，不要把生活局限于一个国家，应该将生活

---

[1] 哈利·舒尔茨（1923- ）：美国前投资顾问。
[2] W.G. 希尔：前美国人，企业家、作家、旅行家。

印记分散于 5 个以上的国家，以减少政府干预。

1. 公民身份

公民身份和护照所在国应为不对境外收入纳税的国家。

2. 合法居留

同时，在一个公认为税务天堂的国家取得合法居留权。具体请税务律师指点。

3. 商业基础

在企业税低的地方挣钱。

4. 资产避风港

把钱存在税收低且隐私法严的国家。

5. 消费场所

在增值税和消费税低的国家消费。

这些理论难免令人心生向往，而在互联网上，如何将这两大理论付诸实践的建议也是满天飞。但是，在飞奔而去、加入海外大军之前，你首先应该花一些时间确定一下，就个人以及经济状况而言，哪一种方式才最切合实际。

对我来说，三标记理论执行起来更实际，也更容易。因为很少有人有时间每年在 5 个国家之间来回穿梭。再者，国家法律和税收政策一直在变化，五标记理论追随者的生活也在不断变化。我认为那简直疯了。毕竟境外生活应该是轻松的。

　　境外生活是一次狂野之旅。远走高飞，漂洋过海，旅途中难免会遇到富人、穷人、罪犯、英雄、知识分子、傻子、赌徒、牛仔、艺术家、商人、运动员、肥胖的懒汉，以及你想得出来的任何一种类型的人。在这个世界上，无法取得成功者只有胆小鬼。旅行愉快！

HOW
TO
DISAPPEAR

如 何 从 这 个 世 界 消

Chapter

—

第 16 章

假死 101

—

一直以来，假死的念头总是让我心驰神往。对我而言，那是销声匿迹前的最后一搏。当然，它于法不容，你也可能因此锒铛入狱，等等。但是，你不得不承认，它依旧那么令人着迷。

假死，名词：即为骗取保险金和或逃往新生活而佯装死亡。

无论是在文学作品中，还是在好莱坞电影中，假死现象可谓根深蒂固，由来已久。从《罗密欧与朱丽叶》到 1983 年的电影《叛逆狂热》（ *Eddie and the Cruisers* ），假死现象随处可见。《叛逆狂热》讲述的是一个摇滚明星为了重返舞台，捏造

---

[1]（接前页）101：通俗语，指给新人看的起步书，只是一种比喻，起搞笑的作用。

了自己的死讯。我个人最喜欢的是《愚人善事》（*My Name is Earl*）中的厄尔·希基（Earl Hickey），他利用假死来摆脱一个飞车女孩儿。对此，我深表同情。

孩提时代，我曾听说摇滚巨星吉姆·莫里森（Jim Morrison）[1] 曾路过自己在法国拉雪兹神父公墓的墓地。这种谣言令我毛骨悚然。我们还听说过猫王在 66 号公路上，拿着一把油腻腻的勺子做汉堡的故事。甚至比利小子（Bill the Kid）[2] 也可能假造了死讯。在比利"死"后，比尔·罗伯茨（Brushy Bill Roberts）[3] 和约翰·米勒（John Miller）[4] 两人都声称自己就是比利小子。70 年代，还是孩子的我们，永远都不会忘记 D. B. 库珀（D. B. Cooper）[5] 的故事。据说，那天夜里，华盛顿州

---

[1] 吉姆·莫里森（1943.12.8-1971.7.3）：美国摇滚歌星、诗人、艺术家，他的乐队"大门"（The Doors）是 20 世纪 60 年代最重要的乐队之一。

[2] 比利小子（1859.11.23-1891.7.14）：真名为威廉·邦尼（William Bonney），美国臭名昭著的罪犯，他 14 岁成为孤儿，17 岁开始杀人，之后亡命一生，一共谋杀了 21 个人，22 岁时被击杀。

[3] 比尔·罗伯茨（1868.12.31-1950.12.27）：自称是"比利小子"，并用尽余生证明的西部牛仔。

[4] 约翰·弥勒：美国亚利桑那州人，生前宣称自己是"比利小子"，死后被家人证实并非如此。

[5] D.B. 库珀：世界上第一个劫机成功的人，1971 年 11 月 24 日，他劫持了由俄勒冈州波特兰飞往华盛顿州西雅图的西北航空公司 305 号航班，航班编号为 NW305。他成功获得了 20 万美金，顺利逃脱。他的劫机，促使世界建立了健全的飞机场保安制度。

大雨滂沱，他劫持了一架波音727飞机，最终从飞机尾部跳伞空降。跳伞之后，他是死是活至今仍然是个谜。9年后，一个小孩儿河岸边玩耍时，发现了一个袋子，袋子里装着库珀索取的1/4赎金，赎金已经腐烂了。这究竟是库珀冲撞而死的证据，还是美国历史上唯一成功劫持飞机并逃脱的男子的天才假死阴谋？

我想，或许我们永远都不会知道答案。但是，在该劫机事件发生40年之后，我们的想象仍在疯长。你知道在太平洋西北部有一个小镇，镇上仍有一个纪念库珀的"库珀日"吗？我认为，佯装死亡是让记忆保鲜的最好方法，尽管要实现这一目标你不得不佯装死亡。

如何成功佯装死亡？对此，我真的不知道应该从何说起。很难说佯装死亡会有多难，因为我们所听到的仅仅是那些最终被逮捕归案的人的故事。又有谁知道多少人成功了呢？

我希望有某种秘密帮会，所有的假死者都可以在此会合，帮会首领可以是迈达斯·穆里根（Midas Mulligan）[1]和

---

[1] 迈达斯·穆里根：安·兰德的小说《阿特拉斯耸耸肩》中的人物，是一名银行家。

盖伊·蒙太戈（Guy Montag）[1]。我呢，可以在暗处偷听。不幸的是，我所知道的故事结局都是悲惨的。

假死无疑是有风险的。但是，怎样成功佯装死亡呢？这是我乐于思考的，我猜想你对此一定也很好奇。所以，我想到什么就说什么吧。

第一步很明显，那就是：

在你打算人间蒸发的时候，检查一下是否留下了任何线索。

回顾并确定一下你过去的任何行为是否表现出你打算远走高飞？你是否有上网查看过新西兰公寓的出租信息？你的电子邮件记录是否显示你曾咨询过加蓬银行账户？也许，去年你去斐济旅行并查看了待售的房屋，此后每周你都会收到关于最新房源的电子邮件。

你留下的踪迹，可能会指引追踪者追逐你通向未来之路。假死也是人间蒸发的一种途径，因为你必须为所有可能发生的事情做好准备，包括追踪者猜到你没有真正死亡并开始寻找你，你该怎么办？如果真的是这样，你要确保没有留下他

---

[1]　盖伊·蒙太戈：雷·布拉德伯里的小说《华氏 451°》中的人物，是一名消防队员，工作是焚毁书籍。

们能追踪到的明显的踪迹。

看一看你都留下了哪些踪迹？哪些线索？

联系互联网服务供应商，要一份历史浏览记录，并确认你的过去是否与你的未来有关联。

如果有，请改进你的离世计划。

联系电话公司和手机公司，重复上述操作。检查呼出号码。如果与未来有关联，修改计划。如果你拨打过巴哈马群岛的电话，请去塞舌尔；如果你打电话咨询过飞往马拉客什的航班，请飞往萨尔瓦多。

你打算去哪儿至关重要：

如果待在这个国家，你一定会被抓。

迟早联邦调查局一定会发现其中有诈。漂洋过海吧。选择一个与美国没有引渡条约的国家，小一点没问题，但一定要有椰树海韵。接下来，如果真的被抓了，你至少还有抗争的机会，起码不会被引渡回国，像跳梁小丑一样，和司法体系斗。

一旦到了国外，你将如何打造新生活呢？我想我可以负责任地说：

实现跨越，你将需要一个新身份。

它的棘手之处在于：到哪儿去弄新身份？怎么弄新身份？就我个人而言，我会尝试着去获得一个和我生活在不同国家的人的身份。我会先去一个小国，一个特别贫穷的小国，然后和某个家庭的一家之主做一笔交易，我一年给他几千美元，他把身份给我用。

我不会从售卖虚假证件的人手中买身份。假证件上也有身份证件号码，但是你无从证实其真伪，也不知道其正确与否。而且你可能不知道，伪造者可能在多个护照上使用同一个号码，也可能用凯尔·道林这样一个人名，却印制了 15 本护照。想象一下，你和其他 14 个凯尔·道林出现在同一个航班上。我知道这种状况极不可能，但不是不可能。

我也不会从兜售副本证件的人手中购买身份，因为你完全不知道信息是否仍然真实有效。你也不知道证件上印的那个人是生是死，还是在坐牢。同样，如果你拿的是别人的证件副本，你的时间是有限的，因为证件通常是需要更新的。如果证件上的人已经死了，而你却以一个死人的身份四处走动，那麻烦可就大了。

最后一点，如果向你兜售假证件的人被逮住了，他可能会把你和盘托出。这也是个大麻烦。听我的没错，最好的办法莫过于到第三世界国家找一个"朋友"，申请证件时请他帮帮忙，而你也可以改善其生活。

接下来，佯装死亡的最佳时间是什么时候呢？对此，我给不了最佳答案，但是，我知道什么时候是不能佯装死亡的。

不要试图把"死亡"与某些自然灾害或人为灾害联系在一起。

保险公司和执法机构在这些把戏里可是老手。

在夏威夷，一个名叫史蒂芬·青·梁（Steven Chin Leung）的男子，在面临护照欺诈控诉时，冒充他根本不存在的兄弟，声称 2001 年 9 月 11 日，世贸中心遇袭当日，史蒂芬在建达公司工作。史蒂芬被判有期徒刑四年。所以，丢掉人为灾害的想法。

如果你是为了获得保险赔偿佯装死亡，那你得找一个同伙。

必须将你的亲人列入该计划。

　　因为必须有一个人在那儿收支票。当然，一项计划涉及的人越多，就越可能失败。

　　约翰·达尔文（John Darwin）事件看似是近年来最著名的假死事件，然而，由于婚姻裂缝，看似天衣无缝的死亡假象倾刻轰然倒塌。达尔文，英国男子，已婚并有两个成年孩子，2002 年的一个下午他驾着皮实质优的皮筏艇出海，却再也没回家吃晚饭。他的妻子安妮向警方报了案，警方经过搜寻之后，种种迹象表明约翰已葬身鱼腹。

　　不久后，约翰与可人的妻子——达尔文夫人——取得了联系并告诉了她真相。但是，这并不防碍她向丈夫投保的公司提出索赔，并获得了一笔合理的赔偿。

　　在自己家中藏了大约一年后，约翰搞到了一本新护照，摇身一变，成了约翰·琼斯。此举实属高明，因为叫约翰·琼斯的人可以说多如牛毛，混在其中真的很难察觉。另外，他还保留了自己的真名，而没有改为吉米、克里斯或巴尼，这也是一个聪明之举。

　　尽管他已经"死"了，但是约翰一刻都没闲着。他偶然遇见了一位老朋友，这位老朋友说他听说约翰已经死了呀。约翰叫他别四处张扬，他也照做了。后来有关当局盘问他时，他表示自己只是不想卷入其中而已，他甚至没想过要打一个匿名电话通知警方。他就自求多福吧。

约翰在堪萨斯州还找了个女朋友，而且没有瞒着他妻子。这是第一个致命错误。

接下来几年时间，约翰一直在世界各地游荡，没事就倒卖些船只。接着，他去了巴拿马，而安妮也卖掉了婚房。他们一起购买了一套两室的公寓，而且还在埃斯科瓦尔购买了一块价值 35 万美元的热带地产。他们打算在那里建一个皮筏艇度假区。这是第二个致命错误。如果他们读过你们现在正在看的这本销声匿迹指南，他们就会知道销声匿迹的必要条件之一就是要改变生活方式。人间蒸发之后，爱好就变成了你致命的陷阱。

2007 年 12 月，约翰因为想看看儿子，飞回了英国，但却走进了伦敦一家警察局。他告诉警察他失忆了，不记得过去几年都去过哪些地方了。我的猜想是，他想解除婚姻，摆脱巴拿马的生活状态。由于暂时头脑短路，当时他居然认为可以用这种方法来解决这个问题。而安妮对丈夫的回归则表现得很开心。之后，有人在谷歌上输入"约翰""安妮"和"巴拿马"，然后找到了一张发布在他们公寓网站上的幸福夫妻照。

约翰终究不是一个假死英雄，只是一个愚蠢的怪胎。

谢谢你，约翰·达尔文

即使在落笔之时，我也没有见过约翰·达尔文，但是，我还是想发自内心地感谢他。当他的故事成为媒体的焦点时，英国几乎所有的媒体以及其他若干个国家的媒体都找到了我。所有媒体的曝光使我站到了"帮人消失，替人保守隐私"这个行业的最前沿。有趣的是，从爱荷华州到赫尔辛基，我花了整整 20 年时间寻踪觅迹，但从来无人问津。而这个举止温和的英国人伪造了死亡的假象之后，"呼"，我一下成了焦点。约翰，如果你有机会看到这段文字的话，请允许我借用猫王的溢美之词向你道个谢：谢谢、谢谢、谢谢！

约翰入狱约一年后，我给他写了一封信，告诉他我是谁、是干什么的，我还问他，能不能到那个大房子里去拜会他？一个月后，我接到了一个来自佛罗里达州的电话，电话那端传来的是英国口音。该男子自称是约翰的狱友，说是约翰让他联系我的。他授权我为约翰·达尔文写一本传记，授权费 25 万美元。我问他是否和约翰签了合同。他说有，随手记在餐巾纸上了。

我叫他滚蛋。但是，后来他给我打了一次电话（之后，他终于让我清静清静了），说他能搞到英国的真护照。我挂断了电话。此后，我们再无联系。

这是一个近乎完美的犯罪，实际也是一个完美的假死案例。据说，这对夫妻的婚姻一直都有问题。我认为，安妮不介意与丈夫一起犯下重罪，但是，让她和他来自堪萨斯州的女友一起分享丈夫是不可能的。

我希望大家对约翰犯下的错误一目了然。在妻子搬到巴拿马仅仅三个月之后，就走进警察局，声称自己患了五年半的失忆症，这是多么滑稽可笑啊?! 这对犯下重罪的夫妻分别被"奖励"了六年"假期"。英国女王陛下英明!

达尔文是销声匿迹界制造死亡假象的先驱。全球经济衰退余波未了，制造死亡假象突然成了一种时尚。每一位仓皇出逃却不幸葬身火海的 CEO 都为准备成功制造死亡假象的人们留下了一个惨痛的教训。

在我看来，"制造死亡假象耻辱簿"上的明星非某金融合资企业总裁马克·辛克（Marc Schrenker）莫属。联邦调查局多次往他的家庭住址和公司递送传票。马克知道在劫难逃了。他决定跳伞自尽。在发出求救信号，设定自动驾驶模式之后，他弹出了降落伞。

这纯粹就是懦夫的行为。他这么做可能会让数十个人死于非命。你同意吗?

制造死亡假象于法难容，在制造死亡假象的过程中将他人生命置于危险之中尤其不足取。

制造飞行骗局的骗子在安全着陆后，搭车去了警察局，自称由于皮筏艇事故沦落于此。多么讽刺啊！好心的警察领他到当地的汽车旅馆过了一夜。第二天早上，马克徒步逃到了一个储藏室，他之前已经把摩托车和其他物资都藏在那里了。

他大摇大摆地上了路，在佛罗里达州昆西露营地找到了一个避难所。他告诉露营的人，他和朋友们正在参加骑行美国之旅。接着，马克掏出现金，给自己买了一顶帐篷、柴火，开通了互联网，还买了六瓶装的百威啤酒。

那天晚上，他给一个朋友发了封电子邮件（愚蠢），说那个事故是操作失误，而他处境尴尬，没有勇气承认。接着，他说，等他朋友看到这封邮件的时候他可能已经走了。

第二天，他就被警方拘留了。因为马克没有及时退房引起了营地老板的怀疑。他走近马克的帐篷，看到一块红色污迹。是血！碰巧，不久之后，地方警长办公室人员刚好与该地区不同企业主取得联系，询问是否可疑的事情。

营地老板主动报告说，营地的一个帐篷上有一大块红色血迹。地方警长闻讯后火速赶往该地。马克已经在手腕上划了数道口子。由于失血过多，他被空运到了一家医院。

我们这些打算远走高飞、销声匿迹的人们可以从中汲取的另一个教训是：

如果你想真自杀，就不要假死。

马克现在不得不直面来自佛罗里达州、亚拉巴马州、印第安那州的惩罚，同时也可能直面来自美国海岸警卫队和联邦航空管理局的惩罚。与其任凭飞机坠毁，为什么不请人驾机将他送往和美国没有签订引渡条约的国家呢？他有数百万美元的身家，在尼日利亚这样的国家，一定是会受到欢迎的。我认为他精神可能有点问题。

CEO 假死？

很多读者发邮件问我一个关于安然公司创始人兼前任 CEO 肯·雷（Ken Lay）的问题。"您认为他是不是假死？""无可奉告！"

　　并非每个制造死亡假象的人要蠢到像马克一样才会被抓。如果你选择制造死亡假象，关键在于你在每一个细节上都要做到令人信服。相对于其他形式的销声匿迹而言，它只能是有过之而无不及。记住：

　　稍有反常你都可能被抓。

　　原英国国会议员约翰·斯通豪斯（John Stonehouse）对此了如指掌。政客也会失踪？不可思议吧？要是我们的某些政客也效仿他的做法，那该多好！

　　1974 年 11 月，斯通豪斯把外套遗留在了迈阿密海滩上，外界推测其已死亡。殊不知，他和情妇秘密飞往了澳大利亚。在开店的时候，他把资金汇到了一个名下，又存入了另一个名下。这引起了一个爱管闲事的银行出纳员的注意。她把这个疑点报告给了警察，警察就对这位神秘的英国人的活动展开了调查。

　　警察怀疑斯通豪斯就是近期谋杀了保姆、逃出英国的鲁肯伯爵（Lord Lucan）。这就是我所说的运气因素！斯通豪斯先生带着他的小情妇寻求一份美好的生活，但是一桩毫无关系的案件搞砸了他天堂般的生活。

　　平安夜，从迈阿密成功大逃脱后一个多月，斯通豪斯被拘。他被判 7 年监禁，但只坐了四年牢。后来，他和情妇喜结连理，还写了几本小说，成为了当地的名人。

至于鲁肯伯爵，和神偷卡门·圣地亚哥（Carmen Sandiego）一样，有人在世界许多地方都发现了他的身影。唯一的区别就是这位厉害的伯爵大人至今仍未归案。

制造死亡假象的人都希望和鲁肯伯爵一样，成功做到人间蒸发。有一些人，例如帕特里克·麦克德莫特（Patrick McDermott），离这个目标已经十分接近了。2005 年，麦克德莫特在出海捕鱼期间失踪，把所有个人财物都留在了船舱里。而当时，他正身处债务危机之中。

但是，如上所述，应邀寻找帕特里克的调查团队创建了一个名为"寻找帕特里克·麦克德莫特"（findpatrickmcdermott.com）的网站，调查者们发现了一个饶有趣味的现象，有人在墨西哥阿卡普尔科一带频繁点击该网站。调查者们到实地去打探了一下消息，有十多个目击者声称见过帕特里克。

就在调查人员差不多锁定目标人物的时候，帕特里克通过一个"代表"发来了一条信息：别烦我。最后，调查者们发现，他化名为帕特里克·金在游艇上工作。现在他或许要直面当局的惩罚了。

不幸啊！

HOW
TO
DISAPPEA

如 何 从 这 个 世 界 消

Chapter

—

第 17 章

结语

—

销声匿迹并不简单：冗长乏味、险象环生且要求很高。销声匿迹需要现金、精力、牺牲精神、严谨的思维、勇气和决心。你必须是一个完美主义者，必须关注每一个小细节。但是你猜会发生什么？如果你不是一个彻头彻尾的疯子，你已经比3/4试图玩失踪的人强多了。由于工作的缘故，我每天都会见识到的那些人的疯狂程度让我惊讶不已。

在最后一章，我将送给你们一些临别箴言：在销声匿迹者的大千世界等待你的会是什么呢？我要告诉你的没有一样是不可或缺的，但是我希望它们对你多少有点用处。有备无患！你们可以叫我弗兰克叔叔，我希望你们突破藩篱，追寻更加自由、更加私密的生活。

临别箴言第一点：

在销声匿迹者的大千世界里，你将遇见很多狂热分子。

我每天都会遇见很多这样的人。其中有一位女性，我姑且称其为"疯狂的简"吧。

一天我坐在办公室里，一个客户打来了电话，问我有没有可能教一个人如何玩失踪。我告诉他当然可以，接着他问我怎么做。他想让我给他一份清单。我告诉他，这完全取决于销声匿迹者的预算、需求和目标。

几天后，他又打电话来，问我是否愿意与他的客户见个面，讨论如何玩失踪。我答应了。于是我们约定一周后见面。我猜想我们无非就是见见面，喝喝咖啡，聊聊天，或者他们还会请我吃顿饭。

大错特错！

我的客户和我说了大致的见面地点。那天晚上，我自己找到了那个地方。几分钟后，我接到一个电话，电话里说他们在附近的一家汽车旅馆里，叫我去他们的房间见面。我心想，没问题。

到了房间里，我的客户和一个名叫简的带有口音的女人跟我打了声招呼。一番寒暄后，她告诉了我她的故事。她是一个独立、富有、积极的动物权益保护者。她告诉我她起诉了几家动物农场，结果让那些施虐者进了监狱。我叫她准确阐述何人、何事及何地，并承诺她不做评价。她拒绝了，就此搁置不理。

简说有人威胁说要取她性命。例如，有人把死鸡扔进了她家，还把小牛宰了后扔进了她家。我的客户插话说，她家还发现了一枚土炸弹。

简说自己对所有威胁都会认真处理。我回答她说那是应该的。接着我询问了她的经济状况，以及一旦销声匿迹之后，她打算靠什么谋生。她解释说，她出生于一个富裕的欧洲家庭，有一个家族企业。她靠企业的信托基金过活，并且已经离婚了，所以钱不是问题。

坐着听这个女人说话时，我脑子里的第一个想法是"她对这件事表现得太平静了"。她交谈的样子像是在告诉我她想出来的事情，而不是她真正经历的事情。接着，我问得更深了。我要求她给我看看她的钱包，她直截了当地说了不。我又要求只看她的驾照就好，她也拒绝了。最后，我问她的社会保险号，她又拒绝了。这个女人是想要得到我的帮助啊，但她居然这么不配合。

看到这种情形，我就把自己的顾虑说了出来，我想让她解释一下为什么如此不配合。她的解释是，她为政府工作，一种说了我也绝对不会明白的工作。她的安全级别很高，而且政府给她发了一个假身份。

在这一行我也打拼了这么多年，我从简这类人身上学到了重要的一点：

事情越复杂，就要越小心。

当他们开始异口同声地谈论"城堡"和"最高安全级别"时，你就会知道你面对的是两个疯子。简向我吐露说她是在皇室成长的，有仆人伺候等。在与她交谈中，她提到了一个英国小镇，我去过那儿很多次。我随口评论那个小镇几句，一般人们听到这种开放式的评价都会做出某种回应。但是她直接无视了，这让我觉得她根本没去过那儿。

我们的对话内容总结起来无非就是一句话：她很富有，想搬离是非之地，否则动物农场的人一旦找到她就会杀了她。这次会面在融洽的气氛中结束了，双方都表明会保持联系。

我的客户和我一起走到了我的车旁。他还没开口，我就对他说："她简直就是胡说八道！"他却不这么认为，并试图说服我她是动真格的。他看到的是钱，但是我看到的是麻烦。总之，这次见面让我非常不舒服。

我阅人无数，知道她并不是来自我们见面的那个州。所以，我在该汽车旅馆的停车场里开车转悠了一下，想寻找一辆上有外州牌照的汽车。但是停车场里并没有这样一辆车。该地位置偏僻，所以我开车去了路上的一家餐厅。在那里，我发现一辆上有宾夕法尼亚牌照的车辆，并抄下了牌照号。

第二天，到了办公室后，我叫人查了一下该牌照。我们找到了一个和简同姓，但名字是迈克的人。我把我了解的关于简的信息给了爱琳。

1. 简 ×

2. 班萨莱姆，宾夕法尼亚州

3. 律师

4. 离异

5. 百万富翁的孩子

爱琳打了几个电话，发现了以下事实：简 × 嫁给了迈克 ×，但是女方已经死了。简有一个妹妹，叫琼。爱琳猜想我所见到的那个女人是琼 ×，而琼假装是自己死去的姐姐。

简自称来自一个富有的欧洲家族。爱琳与这个家庭的新闻秘书取得了联系。爱琳称自己正在写一篇关于该家族的小文章，想了解一下家中孩子的年龄。简或琼的年龄并不在该家庭中任何一个孩子的年龄范围内，该家族的所有孩子都在自家企业上班。该家族中没有一个人叫简或是琼。

后来，我向我的客户要了简的手机号码，并承诺不打电话给她。爱琳查明那是一个预付费手机号码。一个富有的贵族居然还用预付费手机，不可思议吧？我认为不会。其手机账单的唯一电话是打给我的客户的。

接着，爱琳冒充是那位所谓的丈夫迈克×，获取了他的手机号码，以及所有与那个家族有关的手机号码。

我的客户和简唯一的关联点就是他提供给我的那个预付费手机号码。我们打电话到家里，自动留言说的是：我是迈克×。另一部电话的自动留言说的是：我是琼×，而留言机里的声音与我见到的那个女人的声音一样，没有英国口音。

这一切都变得非常奇怪。

爱琳联系了当地警方，做了进一步调查。她发现该小镇并没有任何关于土制炸弹或动物被扔进任何人家里的投诉。带着这些证据，我联系了我的客人，把一切都告诉了他。长话短说，他仍然只看到钱。而我告诉他我不想和这个女人有任何瓜葛。

我想他可能希望早些听我的。因为事实证明这个女人患有精神分裂症。她没有钱，也不存在什么土制炸弹。我的客户把时间都浪费在她身上了。

这个故事告诉我们：并非每一个准备销声匿迹的人都出于合理的原因。

在你消失后，不要轻信你遇到的每一个人。

在这个不为人知的地下世界，你要担心的不仅仅是疯子。如果你漂洋过海或上网接触其他像你一样热衷于玩失踪的人，你可能也会遇到很多骗子和便衣。我有一个小小的座右铭，我想把它告诉给我的所有客户：

请把你遇见的每一个人都当成警察、罪犯或疯子，除非你能证明他们不是。

作为一名指导他人销声匿迹的顾问，在职业生涯早期，我已经学会看人。你也要培养这个技能。

拉斯维加斯有一个家伙突然发电邮给我，问我能否帮他失踪。我说："可以，请告诉我你的故事。"

他告诉我，他在 eBay 上卖东西，有执法人员联系他，并告知他卖的东西是赃物。

这个拉斯维加斯男人表示，他对那些销路很好的收音机和电视机一概不知，现在他担心的是他的供货商会找他算账。

我真的没有催促他告诉我细节。我很高兴有一位新客户，所以和他来回交谈了一会儿。出于某种原因，他一直拒绝解释为什么供货商会找他算账，只是不停地说"我不知道"或"你不会明白的"之类的话。

我突然想通了。

我决定对这位拉斯维加斯客户做些背景调查。无论是什么东西，或者是谁，只要精通我这个领域，我都很感谢。事实上，这位拉斯维加斯先生因为数项销赃罪状将出庭审判。深入调查后，我发现这个拉斯维加斯蠢小伙一直都从钓鱼执法机构手中购买商品。难怪他所谓的"供货商"要找他算账，那可是警察呀！

接着，我找这个摊上大事的客户对了质，并把我的发现告诉了他。他说："你的意思是不打算帮我销声匿迹了？"

咔嗒。我挂断了电话。那次的经历给我敲响了警钟，告诫我要多了解我的客户。

如何吓跑犯罪分子？

犯罪分子拼命给我发电邮时，我通常回他："请注意，联邦调查局正在监控我的电邮。"带有"联邦"字眼儿的词对这些人就像是猫见了老鼠一样。屡试不爽啊！

　　销声匿迹者的世界里，和拉斯维加斯先生类似的人比比皆
是。我还收到了一封匿名作者的来信，电子邮件地址好像是
anarchist53992@hotmail.com。他问我是否可以帮助他销声匿
迹。他说自己突然发了一笔横财，有几十万美元，他不想获得
新身份，但是想请我帮他把这笔钱弄到海外去，这样就没人找
得到这笔钱，也没人能找到他了。

　　我给的回复是"找一个税务律师"。他回信说他对那种做法
不感兴趣，并画了下画线，强调了自己的态度。哦，好吧，这
让我知道他想要的是我们业内人士称为的"包计划"——就是
把那笔钱偷偷送到国外的计划。

　　包计划，名词：非法把钱运到国外的计划，以达到避税的
目的。但是我不会教人怎么做。

　　我严重怀疑这个有着几十万美元的"包计划"先生是真实
存在的。我真心希望这么有钱的人能够聪明一点，设计好一个
合适的出逃计划，而不是发电子邮件给陌生人，让自己的自由
去冒险。有一句谚语是这么说的：只有死人才能保守秘密。但
是，谋杀可不是个好主意。所以：

自己保守自己的秘密。

随着时间的流逝，你可能因为已经成功地摆脱了追踪者而倍感骄傲。先别急着吹牛：无论是对家乡的亲朋好友，还是对你在新生活中遇到的人，抑或哥斯达黎加村庄小酒吧里那个根本听不懂你在说什么的酒保，因为他不会说英语……或者，他真的不会说吗？

你永远都不会忘记你的过去，所以要认为追踪者也不会忘记。你看过《悲惨世界》这部电影或读过这本书吗？如果没有，我强烈建议你去看一看这部电影，读一读这本书，特别关注一下那个带着疯狂的决心，年复一年追踪冉·阿让的警官沙威。沙威这个角色之所以吸引人不仅仅因为他舒缓的男中音，还因为他提醒了我们：过去的恶魔也会有办法回来的，阴魂不散！

年复一年，你要如何保持警惕呢？用你的名字和电邮地址注册谷歌提醒功能，这样你就会知道公共记录里关于你的信息是否发生了任何变化。每隔几年换一个地方住住。如果经济和工作允许的话，经常换地方住住。最后，祝你愉快。你可以借口人间蒸发，去看看这个世界，尝试一下新事物，颠覆以往的日常。当你把过往的生活抛诸脑后的时候，同样也把阻碍你追寻理想中的生活的每一个借口都抛诸脑后了。

至于销声匿迹者的世界，你最最应该知道的是：那是一块白板。你要在上面书写什么，完全取决于你。

离别箴言

请记住：如果两个穿着风衣的男人站在你家门口，那他们一定是美国联邦调查局的探员。如果只有一个穿风衣的男人，那一定是美国国税局工作人员。无论是何种情况，你都不应该开门。
